トムソーヤーを育てる水族館

著／安部義孝

はじめに

トムソーヤーを知っていますか?

「トムソーヤーを知ってる?」

「トムクルーズなら聞いたことあるけど、トムソーヤー、知らなーい」

「トムクルーズかぁー。アメリカのスパイ映画の俳優さんだね。かっこいいね。でも、私が聞いているトムソーヤーは、映画スターじゃなくて、スパイ映画でもない。『冒険小説』に出てくるヒーローの少年のことなんだ」

「え? 冒険小説? ヒーロー? 少年?」


これは、私が館長をつとめる「アクアマリンふくしま」という水族館に、調べ学習でやってきた小学6年生の男の子との会話でした。

トムソーヤー。彼は、水族館づくりをズーッと続けてきた私の心にすみつづけ、ことあるごとにはげましてくれているヒーローです。1876年に発表されたアメリカの小説『トムソーヤーの冒険』の主人公。著者はマーク・トウェイン。自身の少年時代をモデルに書いたこの小説は、日本でも150冊近くの翻訳書があり、本によってちがいはあっても300ページほどの長編です。でも、読みだしたらとまらない。それほど、ドキドキ、ワクワクしてしまいます。

トムソーヤー（本名はトマス・ソーヤー）は、ミシシッピー川のほとりでくらしている10歳のいたずら好きなわんぱく少年。子どものころの私もそうでしたが、外で遊ぶのが大好きで、川でいかだ下りをしたり、洞窟を探検したり。いじめっことは、ケンカもしました。クラスメイトであこがれの少女ベッキー（本名はレベッカ・サッチャー。ベッキーは愛称）とは、洞窟のなかで迷子になって殺人犯とバッタリ出くわす事件に巻きこまれるなど、お話は盛りだくさん。でも、トムソーヤーは、無鉄砲なところがあってあぶなっかしい！　が、それは「こうしなさい、ああしなさい」とはじめから決めつけられることがイヤだからでした。いつも、おもしろいと思うことをやってみたい、試してみたいという気持ちがあるのです。

この「おもしろがる気持ち」というかチャレンジ精神が、何ごとでも大事でしょう。これからお話しする私の「水族館づくり」でも、そのことがカギをにぎっていると考えています。

『トム・ソーヤーの冒険（上）』、マーク・トウェイン 作、石井桃子 訳、岩波書店

水族館ってどんなところ?

ところで、動物園が「生きた博物館」とよばれているのを知っていますか?

もともと〝動物園らしいもの〟は、王様が、自分が支配していた国ぐに（植民地など）からめずらしい動物を集め、王様自身が楽しむことではじまったといわれています。一般の人に見てもらうようにつくられた、世界で初めての動物園は、１７５２年に開園したオーストリアのシェーンブルン動物園。日本初の動物園は、１８８２年に開園した上野動物園です。

どちらも展示の方法は、分類や、すんでいる場所別に配置するなどの工夫がされていました。でも、見物する人びとを一番感動させたのは、展示されているものすべてが、「生きている」ということでした。めずらしいもの、貴重なものを集めている「博物館」といえば、美術品や工芸品、道具類のほか、化石など「物」＝「静物」が展示されていることをイメージします。それらは多彩ではあっても動きません。生きていないのです。

ところが、動物園で展示されているものは、めずらしい上に生きています。そう考えると、「生きた博物館」はピッタリな表現だともいえます。

では、この本の主題となる水族館はどうでしょう。

水族館は、「生きた博物館」である動物園のなかにあって、水生生物を受けもつ施設として発達しました。水質浄化の技術が発達すると水槽はきれいな水で満たされるようになり、大型のアクリルパネルが開発されると巨大な水中世界が実現します。それは、人びとを感動させる大きなできごとでした。

このように水族館は、動物園から独立した施設として発展するようになっていきます。さらに、ダイナミックなイルカやアシカのショーで人気をはくするようになりました。

他方、動物園はというと、野生動物の希少化のなかで種の保存の役割の比重が高くなり、希少動物の生き残りの場としての重要な役割を担うようになっていきます。

そんななかで、水族館と動物園の分業化という時代の「常識」をくつがえすような大きな事件が１９６７年、アメリカの東海岸ボストン港で起きました。港湾域であるウオーターフロントが衰退したため、人の近づかなくなった桟橋の復興をめざし、有能な建築家集団ケンブ

建築家グループ「ケンブリッジセブン」がつくったボルチモアナショナル水族館（アメリカのメリーランド州）の三角屋根の上空と横からのようす。

リッジセブン（7人）の提案で、せまい敷地の桟橋に高層ビルの水族館（ニューイングランド水族館）が誕生することになったのです。

ここでは、観覧者はいったん、その建築のシンボルとなる最上階の三角屋根の緑の温室に上がり、建物を下りながらアクリルの窓から巨大な水中景観を楽しみます。この動線計画が、建築家集団ケンブリッジセブンを成功させることになりました。水族館をつくることで、海運不況の港に活力を生み出したのです。彼らは、アメリカではボルチモア、テネシー、ヨーロッパではイタリアのジェノバとポルトガルのリスボン、さらに日本では大阪の海遊館などと、いずれも水族館建築によって港湾不況からの復活に貢献しました。

一方、モントレー湾水族館の建築家チャールス・デービスは、１９８４年、一昔前の小説家スタインベックの『缶詰工場』のストーリーをデザイン化し、館長のジュリー・パッカードさんの海藻学を結びつけました。同水族館は、ジャイアントケルプ(巨大なコンブのこと。世界一長くなるといわれ、最大で50メートルにもなります)の水槽で人気をはくしています。

見る人のバランス感覚を大切にする

福島県にあるアクアマリンふくしまは、このボストンニューイングランド水族館と同じように埠頭にあります。水族館はもともと海水など水を多く使いますから、海に近い方が便利です。そこで、小名浜港二号埠頭に計画されました。

この埠頭は多くの貨物船を接岸させるための岸壁ですから、幅がせまく沖に長く突きだしています。細長いスペースに多くの人をむかえるには、どうしても高層の建物になります。こうした条件で設計したため、建物は４階建てになりました。最上階へはエスカレーターで観覧者を誘導し、そこから下の階へ楽に歩いていく動線計画です。具体的には、最上階の４階の観覧通路を福島の川の上流とし、そこから階を下りながら中流、下流、そして河口域へと渓流が流れ、沿岸を経て大洋へとつながっていく構成になっています。観覧者は上流から下流へ、そして海岸へと歩くことになるのです。

この方法は、ボストンニューイングランド水族館の動線と類似しています。しかし、ボストンの水族館と大きくちがうことがあります。アクアマリンふくしまは、４階建ての全館がガラスでおおわれ、屋内に海藻やマングローブなど植物が一面においしげる、まさに自然の植物園です（ボストンと同様、アクアマリンふくしまも全館を温室にしています）。ボストンの三角屋根には動植物園があります。一方、こちらでは、リアルサイズで水辺の植物環境をつくるという生態系モデルの展示へと、見せ方を転換しました。

もう少しくわしく紹介しましょう。観覧者は、エスカレーターで４階に向かう前に、最初の展示・プロローグ「海・生命の進化」に出会います。46億年前の地球の誕生と38億年前の生命の誕生を映像でながめ、そして、6億年前以降に生まれた現代の生き物のほとんどの祖先が、爆発的に進化した「カンブリア爆発」の時代を体験するのです。そこには化石と「生きた化石」の水槽展示がならんでいます。ここで、カンブリア爆発の「生きた化石」たちの水槽展示を見ながら、化石になった仲間を「動物系統樹」によってたどれるようになっています。施設展示の仕方として、このような生物進化のありようをはじめにかかげている水族館は、世界的にも希有なことなのですよ。

このプロローグを見たあと、観覧者はエスカレーターで4階へ連れていかれます。最上階からはじまる物語は、阿武隈の渓流からスタートし、福島の沿岸を経て寒流（親潮）の海獣類展示、暖流（黒潮）源流のサンゴ礁の海を経て、メインテーマである「潮目の海」の大水槽に歩みを進めるようになっているのです。

このように、それぞれのテーマを順序立てて展示することで、より理解がしやすく、見る人のバランス感覚が保たれるということになります。

けれども観覧者の視点からすれば、これだけではまだまだアンバランスな施設だと私は思っていました。館内はバランスがとれているにしても、それは館内だけにとどまっていて、屋外へさそう仕組みが足りないのです。そこで第一段階として、建物を映す水鏡効果だけを意図していた水盤を、生き物が生き生きと過ごせるビオトープにしました。続いて、埠頭の先端に4500平方メートルの大タッチプールをもうけ、海の生き物――サカナやヒトデ、海藻などに直接ふれることができるようにしました。

これで、屋内展示と屋外展示とのバランスがたいへん良くなりました。館内動線と同じくらいバランスがとれた館外の動線が誕生したのです。

動物園と水族館の垣根を低くし、日常の自然を楽しむ場所へ

2011年、東日本大震災の被災後、本館へのアプローチとなる約2ヘクタールの空間に、海・山・川の循環を象徴した「わくわく里山・縄文の里」を拡充しました。この場所を、人びとが理想の自然に親しむ憩いの場、港のオアシスにしたいと考えたからです。

ここでは、縄文時代にさかのぼる〝人と自然のバランスのとれた生活の場〟を再現することに力を入れました。

「わくわく里山・縄文の里」を加えたアクアマリンふくしまは、すでに水族館の枠からはずれつつあります。水槽を加工した垂直なガラスごしに水中世界を見る水族館を「垂直水族館」とよぶとすれば、阿武隈の山地から流れ下る小さな小川と池や湿地など多様な環境

がつまった世界は、いわば「水平水族館」とよぶことができます。そこには、動物園と水族館の垣根がありません。

先に述べたように、水族館は動物園から自立した歴史があります。けれども、現代の水族館のように、水槽が巨大化し、非日常空間が強調されてしまうと、実際の自然からはかけはなれていくのではないでしょうか。

それだけに、ここでは「水族館」とも「動物園」ともちがうよび名が必要になります。それは、地域の自然を総合的に展示し体験する場、いわば日常の自然体験を楽しむ場です。

さて、ふくしま海洋科学館、愛称「アクアマリンふくしま」をなんとよびましょうか。みなさんに名前をつけていただければ、こんなにうれしいことはありません。

小名浜港の埠頭にあるアクアマリンふくしま。

もくじ

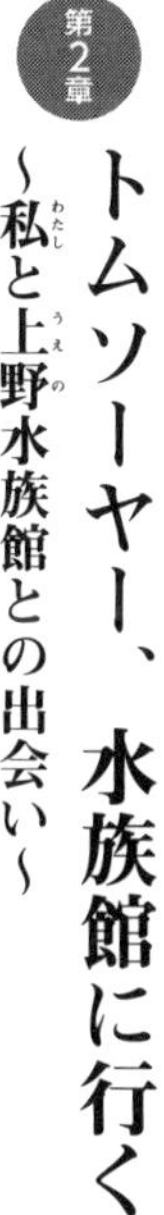

トムソーヤーを育てる次世代水族館の追求

～「アクアマリンふくしま」の夢～

第1節 人と地球の未来を考える

第2節 シーラカンスの謎にいどむ

第1章 みんなトムソーヤーだった

～水族館人生の原点がここにある！～

ドンコ

トムソーヤーと同じ生活環境

『トムソーヤーの冒険』は、私の愛読書です。水族館づくりのお話をする前に、私と〝トムソーヤーたち〟との出会いについて、みなさんにお話ししたいと思います。

私は水族館づくりのために多くの国ぐにをまわりました。海外の友人も数多く、この小説の母国・アメリカの友人たちに聞くと、「僕もトムソーヤーだった」との返事が返ってきます。動物園や水族館にたずさわる人たちの多くは、少年期にトムソーヤーと同じ環境で育ったにちがいありません。そういう私も、少年時代には外遊びが大好きで、自然の野山をかけまわっていました。

私の父も母も、山形県の米沢盆地の出身。２人とも最上川の上流部にある松川とよばれた川沿いの村で生まれました。同じ村でも母は川上の川西町、父は川下の村・赤湯の生まれ。爺様同士が釣り友だちで、父母は見合で結婚したと聞いています。

私は１９４０年に東京で生まれました。小学生になると、学校が休みのたびに祖父のいる米沢に遊びにいったものです。まだ戦後間もないころで、奥羽本線には蒸気機関車が走っていました。

祖父の家には囲炉裏があり、土間には釣竿がかけてありました。家の近くの水田には無数の小川が流れていて、そこには雑魚がいっぱい。祖父のところもそうでしたが、昔の農家の敷地には「肥塚」というものがありました。主に、作物用の肥料にするために牛の糞をたくわえておくところです。そこにはミミズがたくさんいて、それを掘りだして釣りのエサにし、水田の小川を終日釣りあるくわけです。いつしか「雑魚釣り兄んにゃ（「にいちゃん」ということ）」が私のニックネームとなりました。

サカナ釣りは、小川から渓流へと場所を広げます。そこへも1人で出かけることが大半でしたが、最初のころは母方の伯父が渓流釣りを教えてくれました。とはいうものの、私が勝手に釣り好きの伯父のおともについていったのです。伯父は柔道五段で、天皇・皇居を護衛する近衛兵も経験していたので、きびしいところも

©京浜にけ

山形県を流れる最上川。無数の細流を集めて大きな流れになります。

ありました。しかし私はおこられたこともなく、釣りのときには実践で指導を受けました。「ヨシタカ、糸先の変化をよく見ろ。水底のサカナにさとられないように、足音や影やまわりの状況にも気をつけるんだ。あとは経験で、どんなところで釣れるかがわかってくる。そのためにも、自分の指先の感覚、体でおぼえるんだな」

家の台所の流しには川が引きこんであり、そこで釣った獲物の内臓をとりだし竹串にさします。めったにほめない伯父ですが、大量に釣った私に「ヨシタカ、今日は釣れたなあ、100尾はあるな」と優しげな眼差しを投げてくれます。ときには、獲物をさした竹串が囲炉裏を一周するほどになることもありました。囲炉裏で焼きあげた雑魚は串ざしのまま「弁慶」とよぶ藁のたばにさして囲炉裏の上の火棚のまわりに吊りさげます。弓にあたった武蔵坊弁慶がならびます。あまりほめることのない祖父や伯父に「雑魚釣り兄んにゃ」とよばれるのは、ほこらしかったですね。

獲物はサカナだけではありません。ゲンゴロウやガムシは羽や足をとって、塩ゆでにするとおいしい。イナゴや20センチメートルほどの大形のトノサマバッタも、雑魚と同じように串にさして焼くとおいしい。囲炉裏をかこむ生活は楽しく、気持ちが豊かになったものです。

私の幼児期から少年期は、まさにトムソーヤーと同じ生活環境でした。先ほど東京で生まれたといいましたが、東京で教員になった父は、1945年の終戦を赴任地・埼玉県秩父でむかえました。私は東京で生まれてほどなく、父の赴任で、もの心つくころから11歳まで、秩父盆地の武甲山をのぞむ影森村の臨済宗金仙寺境内の借家で、朝な夕なにお経を聞きながら育ったのです。

当時、誰にも貧乏と飢えがありました。しかし、里山は自然にあふれていました。学校からの帰りみちは、道草ならぬ食糧の採集となります。カバンをほうりなげると、裏の川でカジカ突き、サワガニとりです。サワガニはたき火でのフライパン焼きが一番で、醤油味が最高。カミキリムシの幼虫採集では塩水のビンを用意し、樹木の「虫こぶ」の孔に、麦のストローでこの塩水を注入すると、白い幼虫が孔から出てきます。これをたき火の灰であぶって食べると、またなんとも香ばしい味！ 何でも腹のたしになるものは採集して、いただく。これが鉄則でした。

さらに、ヒモ1本あれば、生木をまげてその弾力を利用して罠がつくれました。野鳥がとれ、ときに獣もかかる。市販の罠や道具は必要ありません。森や川など身近なところに工夫さえすれば使えるものがいろいろあったのです。こうした知恵や技術は、ガキ大将が伝承していました。里山の子どもたちは、トムソーヤーのように、おもしろがり、遊びながら、新しいものを生みだしていたわけです。

偉大なるトムソーヤー・清水大典先生との出会い

少年期の私は、さらに偉大なるガキ大将にも出会いました。植物学者の清水大典先生です。私たち家族の借家もあった、金仙寺の境内の森林のなかには清水先生一家がおすまいでした。清水先生は秩父の写真業をいとなむ名家のご出身で1915年生まれ。戦争中の困難な時代に、日本植物学の権威で「日本の植物学の父」とよばれた牧野富太郎氏から菌類を学びました。戦後1945年に小石川植物園に奉職し、47年から郷土の秩父に戻って51年まで、この禅寺の森の椎茸試験場で研究生活をしておられたのです。

清水先生との出会いは、私にとっては運命的なものでした。隣人としての清水先生の存在をふくめて、秩父盆地での幼児期から少年期にいたる私の生活環境が、その後の人生の原点となったと思います。

清水先生は生きた昆虫に寄生する冬虫夏草という菌類（冬には虫の姿をしていて、夏になると草になると考えられたことからそう名づけられた）の研究者で、著書『原色 冬虫夏草図鑑』（1994年、誠文堂新光社）なども書かれています。世界で発見された約500種の冬虫夏草のうち、日本で発見されたものは400種を数えるといわれますが、その最大の功績者は清水先生でした。

また、清水先生は登山家でもあり、フィールドワークを重視していました。先生をしたっておとずれる研究者や学生一行を率いては、武甲山麓や荒川をこえて別所山などへ菌類採集に出かけました。私も少年ながらゆるされ、よく仲間に入れていただいたものです。

フィールドワークでは、清水先生は、卓越した観察眼で、沢筋の湿気のある落ち葉にかくれる冬虫夏草を見つけだします。その的確さにビックリしながらも、どうすれば先生のように見つけられるのだろうと私は考えました。

〝そうだ。先生をまねしてみよう〟

子どもの私は、先生の側につきっきりになって、まず先生はどんなところをどのようにして探しているのだろうと、先生を観察することからはじめました。先生は闇雲に歩いていません。沢筋の湿地を集中して見ています。

〝よし、沢筋をしらみつぶしに探そう〟と、先生にならって、じっと湿地を見つめていると、冬虫夏草の姿が見えてきました。

「いた！」――私の大きな声がはじけます。

「ほら君たち、ヨッチャンのほうがよく見つけるじゃないか。君たち、これが見えないのかね」

先生は学生たちに向かって、おどけた雰囲気をにじませながら、研究者たちの「節穴の眼」をなじってみせました。先生が、偉大なるガキ大将に見える瞬間です。先生の柔軟さや人間としてのスケールの大きさは、どんなときにも発揮されます。

　あるとき、沢筋でマムシがとぐろを巻いていました。先生はすばやくマムシの首根っこを押さえ、用意した布袋へ！　アッという間の早業です。試験場に戻ると、マムシの口先からするりと皮を剥いてみせました。さばきおえると、おもむろに生肝を飲みこんだのにはヒェーとおどろきました。さらに身をたき火であぶり、みんなにふるまってくれたのです。話し好きでもあり、豪快でもあるガキ大将、清水先生の独擅場でした。

　いま思い出すと、布袋が用意されていたわけですから、このとき、マムシを偶然見つけたのではなく、マムシ狩りの準備をしていたのは確かでした。「ガキ大将」は八方やぶれの自由人というばかりでなく、用意周到でもあるのです。

　しかし、このガキ大将ぶりはお寺の研究室に戻ると一変します。標本の細密画に取り組むときの集中力のすごさは、沢筋の湿地を見つめているときと同じです。まるで息をしていないのではないかと思うほど、筆先に集中して描いていきます。博物学では図が基本。微小な冬虫夏草（大きさや色、形などはさまざま。2ミリメートルから最大15センチメートルで、平均2〜3センチメートル）をルーペや顕微鏡で観察しつつ、幾種類もの細筆で日本画や水彩画の絵の具を使いわけて描くのです。

清水先生の描いた冬虫夏草。私の宝物(たからもの)です。

この細密画は舌を巻くようなできばえです。子ども心にも心おどる大きな感動でした。みがかれた観察眼で描かれる画は、芸術の域にも達していました。

しかし、この画以上に私の心を釘づけにしたのは、やはり研究室に戻って一変する先生の姿です。子どもの私には近よりがたいほどでしたが、自然を観察し、楽しみ、きちんと野帳（フィールドノート）をつけ、その観察結果を基礎に、寺に戻ってから一心不乱に記録する姿は、いまでも目にうかびます。

渓流釣りでの伯父の教えから、そして清水先生のフィールドワークでの自然との接し方や研究室での姿からも、私は、観察することの大切さや物ごとに取り組むかまえ、トムソーヤーのように自然のなかで遊ぶことの重要性など、数多くのことを学んだのです。

清水先生からいただいた冬虫夏草の画は、いまも大切にしています。

先生は、１９５７年に奥様の郷土である山形県米沢市の博物館に移られ、白布温泉の熱帯植物園長も兼任され、75年まで在職されました。米沢盆地は、私の両親の里でもあったので、清水先生ご一家とのおつきあいは、98年に先生が亡くなるまで続きました。

水族館人生への〝とば口〟

私が小学5年生になった3学期に、わが家は、秩父から東京の世田谷に引越しました。小学校でついたあだ名が「山猿」。中学、高校では「山猿系」（トムソーヤー系）の友だちにもめぐまれました。また、音楽や図工の先生との交流もおもしろかった！

当時、教員免許をもった音楽や図工の先生は少なく、大方の先生は免許はもたないけれどもアーティストとして地域で評価された人たちでした。グレードはいろいろだったのでしょうが、いわゆるプロフェッショナルで、その基準で教えますから、私たちのレベルが低いため、「なっちょらん」とヒステリックにおこる男の絵の先生もいました。でも、こわくない。喜怒哀楽がハッキリしていておもしろいし、ユーモラスで親しみを感じるのです。だから、子どもたちも負けていません。「なっちょらん先生」とあだ名をつけて応じるというなごやかさがありました。

先に述べたように清水先生の感化を受け、絵もこのんで描いていましたから、小学校のときからよく一等賞をとっていました。担任の女性の先生に私が描いた絵をわたすと、「誰かに描いてもらったんでしょう」といわれ、憤慨することもありました。それでも、私は絵を描くのが好きでした。「なっちょらん先生」は教室で教えるだけでなく、「実物を見なければダメだ」と、積極的に美術館などに連れていってくれました。外の実際の世界を見ることと、良いものを見ることがどれだけ大切かを教えようとしてくれたのです。

中高時代は自転車で多摩川に釣りにかよいました。また、近在の釣具店主催の釣り大会の会場は、多摩川や東京湾、荒川でしたから、「秩父から都会に出てきた」とはいっても、私にとっては都心も遊び場でした。それに私だけでなく、「都心に長らくすみついている」釣りクラブのおじさんたちも、〝トムソーヤーの心〟を強くもっていて、このおじさんたちとのおつきあいは長く続き、動物園や水族館の職場にもつながりました。

高校時代も釣りを楽しんだ私は、大学への進学を選びます。選んだ大学は、東京藝術大学と東京水産大学。折しも受験日が重ならず、ダブル受験となりましたが、両方とも失敗してしまいました。それではということで、翌年も藝大と水産大を両天秤にかけて受験しようと発奮。絵と数学の受験勉強をするために、市ヶ谷のお堀そばにある予備校にかよいました。

ところが、予備校はお堀の近く。「雑魚釣り兄んにゃ」の血がさわぎます。受験勉強まっしぐらとはいかず、いつも釣竿をもって、お堀で雑魚釣りをしながらの浪人生活となりました。

翌年の藝大と水産大の受験日は、思惑がはずれて重なり、両方受験は不可。まよったあげく東京水産大学を選ぶことになり、結果は晴れて合格。藝大を選んでいれば、清水先生の作図の影響で絵をこころざす人生となったかもしれませんが、ここが私の「水族館人生」への〝とば口（入口＝物ごとの初め）〟となったのでした。

当時は日本の漁業も水産会社も元気が良かったせいか、東京水産大学の漁業科も学生の人数が多く、大学内でも一番元気が良かった学科だったと記憶しています。次いで製造科。水産物の加工や製品化の学科でした。この科も実業界直結といっても良かったのでしょう。3つ目は増殖科。サカナの養殖を研究する分野です。私はまよいな

別の大学と統合され、2003年に「東京海洋大学」になった東京水産大学。　©Daderot

く増殖科を選びました。
この科の定員は50数人でした。おもしろいことに、海にあこがれて、「海なし県」や山のなかの高校から受験した同窓生が多くいます。さらに、当時は一期校と二期校というように国立大学が2グループに分類されていて、同じ一期校同士の〝東大よりは水産大だ〟、と選んだ同級生もいました。個性豊かな人たちが多く、交流は今日も続いています。

東京水産大学の1、2年生は、品川の「海」でのカッター漕ぎや、千葉県の館山と小湊実験場などでの実習に次ぐ実習できたえあげられました。私の水泳は、荒川のよどみでの「水泳力」でしたから、波風のある館山沖の5キロメートルにおよぶ遠泳は、〝さらなるトムソーヤー〟へと私をきたえてくれました。

水産大の実習場は、ほかにもあります。信州・大泉のサケマス養殖場での実習も楽しかった。けれども、楽しさと同時に記憶に残るのは、春先に宿舎をおとずれた越冬カメムシの大集合。その多さと臭さには閉口しました。

同窓のトムソーヤーとの思い出は、たくさんあります。1、2年生の夏休みは、北や南の漁村に先輩をたよってアルバイトがてらの実習にはげみました。和歌山県田辺の真珠養殖場に同級生数人で出かけたのですが、仕事はというと、真珠の養殖いかだの上で一日中アコヤガイの殻についたごみ落とし。太陽がギラギラ照りつけるなかでの単純作業です。

数日であきてしまい、誰からともなく、愚痴めいた言葉が出てきます。

「もう、やめて帰るか」

そんなことを話しながらの作業です。遠くから見ていても仕事に身の入っていないことはすぐにわかってしまい、先輩が察知して飛んでやってきました。

「脱走はゆるさないぞ！　仕事はつらくともキチンとするものだ」

どなられて、あえなくこの「脱走話」はオジャンとなりました。しかし、ここで意気消沈してしまっては、トムソーヤーではありません。どうすれば楽しくおもしろいものになるか知恵をしぼります。「雑魚釣り兄んにゃ」精神は健在でした。ここは南紀の海です。釣りを楽しむことにしたのです。

昼間は先輩が〝仕事をサボっていないか〟と監視の目を光らせています。それではと、夜に目をつけました。真珠いかだからのアナゴ釣りです。針を下すと、アナゴだけではありません。ときにウナギもかかります。おもしろい上に、栄養補給にもなる。さらに釣れてうれしいから、地元の人たちにもおすそわけ。1週間もすると、地元の人たちとはすっかりうちとけますし、いかだから落ちたアコヤガイを潜水して拾い、なかの真珠を発見するまでになりました。1か月あまりの実習の終わりごろには、南紀の海に里心がついてなごりおしかったものです。

また、水産大学の1年生のころには、おもしろそうな教室をのぞいて先生の研究のお手伝いをする時期がありました。お手伝いできるかなと思ったのは、水産統計学の先生の研究です。三浦半島の東京湾の出入り口にあたる走水漁協の漁師さんの定置網に入るウミタナゴの仲間の統計学的な調査のお手伝いでした。漁師の家に寝泊まりし、朝の定置網の水揚げを手伝いながら、漁獲物の記録をとるという仕事。漁村での新しい体験でした。新しい発見をするというのはトムソーヤー的で、私の心をとらえました。

アルバイトのウミタナゴ採集が楽しくなって卒論に

三浦半島での実習もアルバイトと結びついています。研究や教育ではあっても、それなりのアルバイト料が学校から学生に入り、現地での実習生活が保障できる仕組みでした。このときは毎朝、定置網に入る胎生魚ウミタナゴの採集と計測にあけくれました。教授が統計学的研究の対象をウミタナゴに決め、数年にわたる資源調査でした。

ウミタナゴ科の海水魚は、アメリカのカリフォルニア沿岸からカナダ沿岸・アラスカと日本列島側に計24種ほどが分布しています。日本列島側に分布するのはオキタナゴとウミタナゴの仲間数種ですから、アメリカ側が仲間の発祥の海域なのです。日本列島側のオキタナゴ属にはオキタナゴ1種、体形が細長く、ほかのぼってりしたウミタナゴ属の仲間と区別しやすいのですが、問題はウミタナゴ属に銀色からあざやかな赤色まで、色彩のことなるものがいることです。

実習作業は、定置網にかかったサカナなどを漁協に水揚げし、そのなかのウミタナゴを一定数計測することです。ここでも清水先生から学んだ観察眼がものをいいはじめました。ウミタナゴを毎日見ていると、どうもちがう種類がまざっていることに気づいたのです。

ウミタナゴを採集する枡網という小形定置網は、三浦半島の走水という漁

卒論の研究テーマとなったウミタナゴ。　©Steven G. Johnson

港付近の入り江にありました。海底は砂底。周辺には海藻の林と岩礁帯があります。周辺を潜水観察すると、ウミタナゴの仲間は岩礁帯の複雑な環境ですみわけしているようでした。オキタナゴは名前のように沖合に群れている、ウミタナゴの赤色の強いものは岩礁帯に多い、銀青色のものは藻場にすみついている、という具合でした。

そもそもウミタナゴ科の海水魚は、いずれも卵胎生で、アメリカ西岸のカリフォルニア、モントレーあたりから北太平洋の沿岸に20数種が分化しています。日本側にはオキタナゴ属のオキタナゴ1種、ウミタナゴ属にはマタナゴと同属のアオタナゴがあって、合計3種という構成です。北アメリカから分布を広げていて、種の分化途上であるのかもしれません。

マタナゴは赤系統の体色の濃淡がいろいろなので、銀色系をマタナゴ、赤色系をアカタナゴとよんでいます。アオタナゴは別種としてあつかわれています。このマタナゴとアカタナゴのちがいは、単なる体色の変異なのか、種の分化途上なのか今後の研究が必要でしょう。

このように小さな生き物でも、正確に見極めていくことは、根気もいりますし、何よりもありのままに見ることが大切になります。生物の研究では、対象種の査定があやふやなままのデータでは使えなくなってしまいます。それだけに、ちがいを見つける観察眼をみがくことは生物学の原点であるし、どの分野にも通じることです。

大学1年生だったこのときのアルバイトでは、マタナゴ、アカタナゴ、アオタナゴもいっしょくたにしていたのです。そのことを教訓にして、その後もウミタナゴの調査研究を続け、アオタナゴが形態、色彩、生態でマタナゴ、アカタナゴとことなることをはっきりさせ、卒論にまとめることができました。

マタナゴ、アカタナゴの世界を明らかにしていくことは、今後も研究テーマとなるでしょう。

卒論が書きあがり、カヌー遊びにのめりこむ

卒論が少し早めにまとまったので、4年生の秋には川下りカヌーにのめりこみました。きっかけは、同級生の松浦康信君が川下りのカヌーをもっていて、「安部もやらないか」と、新宿の西口付近にあるカヌーショップに案内してくれたことでした。このカヌー店では、組み立て式カヌーの防水キャンバス製のスキンと木製の骨格を販売していました。

こづかいの節約も頭にあったのですが、カヌーの骨格は塩化ビニール管で自作することにしました。塩ビ管のほうが柔軟性があって衝撃にたえられるのではないかとの思いもあったのです。先端と尾端はかたい樫の木製、船型を保つ底板は木製でしたが、両側は塩ビ管をつないで組み立てました。全体がふわふわして大丈夫かなと、一抹の不安もありました。

折しもその年に、日本カヌー協会主催のオリンピック選手選考会が、荒川の長瀞で開催されたので、松浦君と２人でそれぞれのカヌーをかついで参加しました。

松浦君のカヌーは、骨格と床、両側は板張り、船体は布製スキンでおおわれていました。私のものは、先ほど話したように骨格の要所は木製でしたが、船体は塩ビ管のフレームで布製スキンでしたから、柔軟ですがたよりないというものでした。

結果は、松浦君のカヌーは岩に乗り上げ激流のなかで沈没リタイア、私のカヌーは柔軟に岩を乗りこえ、すりぬけ、何艘か追いこし橋の上から多くの見物人が歓声をあげている真下のゴールをすべりぬけました。とはいえ４位。オリンピック予選は落選しました。

ガッカリしましたが、そこはトムソーヤーですから、立ち直りも速い。なにしろおもしろいので、選手にはなれなくても川下りカヌーに、さらにはまっていきます。そして、次の目標にしたのが、山形県の一級河川・最上川。全長２２９キロメートル、日本で７番目に長い川です（１位は信濃川で３６７キロメートル。ちなみに世界一はナイル川で６６９５キロメートル）。やはり、松浦君と一緒にチャレンジしました。

決行したのは、１９６３年の秋、11月のことでした。最上川は、米沢盆地をとりまく山岳地帯から無数の細流を集めて水田地帯を流れる松川（私の父母の故郷）を1つの支流としています。支流はほかに、長井市で飯豊山を流下する白川、朝日岳から野川、朝日川があり、これらをあわせて大河となります。

私たちは長井市から漕ぎだしました。川岸で野宿しながらの川旅です。けれども、この川は鮎の梁漁がさかんです。漁のなごりの杭が激流に乱立し、難所の連続でした。

途中にはダムもありました。そこを切りぬけるには、カヌーを吊りさげておろさなければならず、ダムサイトにある管理人室にお願いして、ロープでダム下までおろしてもらいました。

「どこから来たのや？」

「上流の川西町の新町です」

「どこまで下るつもりや？」

「行けるところまでです」

そんなやりとりがあったのですが、あとで、観光バスガイドさんが「この激流をカヌーで下った若者（ばか者）がいたんだとよ！」と、話のネタにしたとか。

そんな思わぬ障害を乗りこえていくことは、やはり冒険心をくすぐるもので、心がおどってとても楽しいことでした。しかし、冒険がすべてうまくいくというわけではありません。

目標にしていた終着地・庄内を前にして、左沢の激流にぶつかりました。とても私たちの技量では歯が立ちません。戦意喪失。あえなく、寒河江から重いカヌーをかついで汽車に乗ったこともありました。

このとき一緒に冒険をした松浦君は、卒業後、群馬県水産試験場に就職。しばらくおとなしくしていましたが、あるとき数人に見送られ、横須賀港から南米に旅立ちました。

その後、松浦君は、ブラジルの水産試験場で業績をあげ、サンパウロの海洋研究所の教授となりました。来日の折には、いつも東京で同窓会をやりました。アクアマリンふくしまのあるいわき市まで立ちよってくれたこともありましたが、その翌年、病にたおれてしまいました。享年60歳。松浦トムソーヤーは早世でした。奥様から遺灰をあずかっています。いわきの海にはなってほしいとのことでしたが、まだそのまま私の手元にあります。

第2章

トムソーヤー、水族館に行く

～私(わたし)と上野(うえの)水族館との出会い～

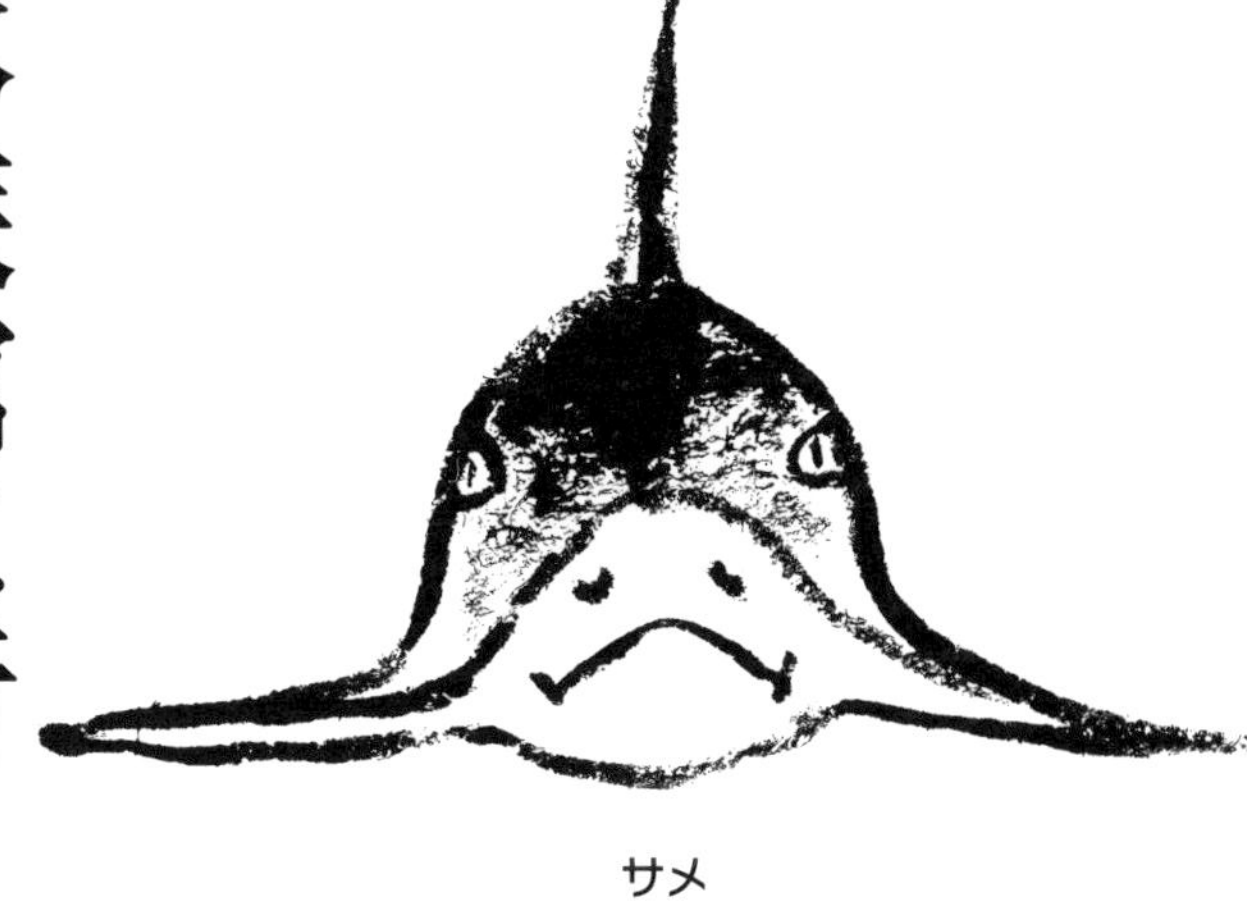

サメ

第1節 トムソーヤーたちとベッキー

“おもしろそうだな”

カヌーにしても、アルバイトからはじまったウミタナゴ研究にしても、心がうきうきしてくるような「遊び心」を大切にするのが、私のモットー。大学生のトムソーヤーの人生設計のなかには、就職試験を受けて企業戦士になる選択肢はありませんでした。

そこで受験したのが、水産職の国家公務員試験。幸い合格してはいたものの、おもしろそうだと期待していた研究所での働き場からは面接通知が来ませんでした。といって、ウミタナゴ研究で知ったおもしろさがあるだけに、役所で実務的なデスクワークにつく気が起きません。水族館関係の現場の仕事に興味があったのです。

1963年の秋口のある日、ふらりと上野の不忍通りを歩いていました。当時はまだ高い建物もなく、不忍池の池畔は、いまのように観光客がいっぱいではありません。静けさもありました。そこに4階建ての壮大な建築工事が急ピッチでおこなわれていました。見上げると、看板に「水族爬虫類館」という文字。これはおもしろそうだなと、心の針がふれました。

さっそく、授業で教えを受けていた東京水産大学の生物学教授であった妹尾次郎先生に就職の可能性をたずねてみました。

「先生、不忍池の近くに4階建ての新しい水族館ができるそうです。上野動物園とのかかわりもあるようなのですが」

「そう？　それで？」

「おもしろそうなので、そこに就職できればと思ったんです」

「そうか。じゃあ、上野動物園の園長は古賀忠道さんだから聞いてあげるよ」

「え、園長を知っているんですか？」

当時の上野動物園の園長は、古賀忠道さん。妹尾先生は古賀園長と同じ東京大学出身で、知り合いだったのです。

その日から1、2週間後、水族館から「実習に来なさい」と連絡がきました！

門は、こわがらずにたたいてみるものです。先生と園長に関係があったという幸運や偶然があるにせよ、また、人の助けがなければできないことだけれども、トムソーヤーのように自分でぶつかっていかなければ門は開かれないのだと、うれしさのなかで思い知りました。当時、私は大学4年生でした。上野動物園の不忍池のそばの海水水族館が実習の場でした。秋ごろから、ひまさえあれば実習にかよいました。

しかし、なかなか試験がありません。その理由には水族館建設のおくれがあったと思います。この大水族館（「水族爬虫類館」）は、上野動物園開園80周年を記念して１９６２年の3月オープンをめざしたものだったのですが（上野動物園開園は１８８２年3月20日）、建築工事が1年以上おくれていました。だから、新しい職員を採用することをためらっていたのだと思います。

実際に大水族館がオープンしたのは、64年の10月30日です。全体の3分の1ができあがったところでの開館でした。これにも理由があります。日本で初めての東京オリンピック開催が10月だったからです。だから、どうしても10月中には大水族館もオープンしたいと、全館ではなく、４階の両生類・は虫類からということでオープンしたのでした。

私が実習をはじめた63年に試験ができなかったのは、こういう理由でしょう。ようやく工事の先が見えてきた64年の6月になって、急遽試験となりました。これに幸い合格することができました。身分的には東京都の公務員ですが、晴れて上野動物園の水族館職員となったのです。

水族館の水質浄化の原型がここにあった

さて、少しのあいだ、私が上野動物園にあった旧海水水族館なるところを、実習で初めてたずねたときに時間を戻しましょう。旧水族館がどのようなものだったかの説明にもなります。

旧水族館は１９５２年、上野動物園の不忍池側（西園）の旧産業会館（博覧会場）を改装してつくられた施設でした。入口から向かって左側に８槽、右側に７槽の海水魚水槽が配置され、正面右側に試作でつくったアクリル張りの水槽が、左側には小型の水槽がならんでいました。建物の奥の正面には淡水魚の小型の鉄枠水槽が２段で20個置かれていました。

展示されている海水魚はマダイやクロダイ、メバル、アナゴ、ハゼなど東京湾のサカナ。淡水魚はウグイやタナゴなどの雑魚の類が健康そうに元気なようすで泳いでいました。

上野動物園開園70周年を記念して開館した海水水族館。

おどろいたのは、飼育水を浄化する地下の2系統の巨大地下水槽です。展示水槽の容量の10倍以上はありそうだったからです。これは、東大の佐伯有常先生のもとで勉強した久田迪夫館長の構想を実現したものです。

日本は四方が海にかこまれているので、海水は沿岸からポンプでくみあげて、かけ流しでした。しかし上野の不忍池の端ではそうはいきません。海から離れ、閉鎖した環境の海水をいかにして閉鎖循環によって浄化するのか？　東大の佐伯先生と、久田館長が調査した結果、このシステムにいきつきました。

これは、産業革命のさなか、１８６０年にイギリス人ロイドによって開発された循環方式でした。大容量の地下水槽の海水を展示水槽に引きこんで循環する。よごれた飼育水は、大容量の地下水槽で浄化され、飼育水槽に戻るという仕組みです。暗い地下水槽の〝香り〟はさわやかでした。旧水族館では、循環系のあいだにちりとりのフィルターをもうけたり、循環水をガスコンロで保温したりしていました。このときはサカナの排出する汚濁の浄化の機能を計算したシステムはありませんでしたが、やがて上野動物園の巨大水族館の建設に結びついたのです。

ヨーロッパには、このロイド方式を採用している古い水族館が現在でもいくつかあります。大容量の地下タンクが水質を安定させ、飼育管理が容易でもあるからでしょう。

「型やぶり」な2人――林寿郎上野動物園園長と久田迪夫館長

私が実習生として働いていた旧水族館は、水族館としての研究・技術開発の場として、また新館の準備室として大きな役割を果たしました。ここでも、たくさんのトムソーヤーとの出会いがありましたが、とくに印象深い方は、2人です。

まず1人目は、古賀忠道さんのあとをついで上野動物園の園長になった林寿郎さん。古賀園長は戦前戦後を通して27年間つとめ、動物園開園80周年記念行事を機に引退され、東京動物園協会の理事長に就任されました。林さんはというと、それまでつとめていた多摩動物公園の飼育課長から上野動物園園長に就任。多摩動物園開設にあたり、自らケニアに動物捕獲に出かけ、なかなか帰国しなかったという伝説の人でした。要するに行動派で、なんでも「とにかくやってみろ」という開拓的な人です。

林寿郎トムソーヤー。この大きな蛇は南米産の「ボア」。

林さんは東大理学部出の型やぶりの

「野人」で、学者風で紳士でもあった古賀さんとは対照的でした。私の採用を検討する園長室での面接では、言下に「安部君、一生を棒にふるつもりかね?」と質問するなど、単刀直入で、奇抜な人物。答えに困ったことを、いまでも思い出します。

いま思いかえすと、たぶん「動物園や水族館というのはふつうの会社とはちがって、相手にするのは動物なんだ。だから、動物に好かれなくてはいけないんだ。そのことをわかって入らないと、君にとっても、動物にとっても、幸せじゃないんだよ」ということだったと思います。「大学を出て、一流企業につとめて」という人が多いなかで、動物園のようなところをこころざすのだったら、それなりの覚悟をもつように、という意味だったのでしょう。

もう1人のトムソーヤーは、久田迪夫さん。久田さんは東大で水産学を学び、不忍池のほとりという「内陸」の都心に、日本ではじめて海水水族館をつくり、64年の巨大海水水族館に結びつけた人物です。この人が私の直接の上司となる人でした。

良い上司にめぐまれることは、若者の人生を左右します。私にとって久田さんは理想的なトムソーヤーの1人でした。園長の林さんとは反対で、物静かで頭が良く、館長室でフルートを奏でるような人です。隣が東京藝術大学だったこともあって、大学の先生方とも親しくしていました。

久田館長は、大変な釣り好きでもありました。「雑魚釣り兄んにゃ」の私が館長室をたずねると、楽しい釣り談義がはじまります。釣りは水族館のサカナの採集手段でもありますが、それはまた趣味の世界でもあったのです。

「安部君、最近はどこへ釣りに行った？」

「伊豆です。鮎を釣りに行きました」

「私も狩野川が好きでね。よく出かけるよ。今度一緒に行こう」

こうした会話が日常茶飯事。一番思い出として残っているのは、「釣り日記」を書くことを教えられたことです。この話はもう一度あとでお話ししますが、そこで教えられた「釣り日記」は、いまもアクアマリンふくしまの私の書棚にあります。ページをときどきめくってみますが、いまとくらべるとかなりスマートだった私の釣り姿の写真とともに、丁寧さを心がけた文字で文章が書かれています。

この日記は私だけでなく、久田館長のもとに集まった釣り仲間全員に義務づけられ、かならず全員に回覧するようにとの「お達し」が館長からありました。

これには、久田館長のかくされた意図があったように感じています。それは、「釣り日記」を書くことで、文字を書くことの大切さを学ばせようとしたのではないか、しかも、字をきれいにさせるということだけではなく、そのことで考える力とまとめる力を身につけさせようとしたのではないか。そう思うのです。

ベッキーは誰だ？

ところで、ここまでトムソーヤーとしての私や友だち、恩師や園長などを紹介してきました。しかし、『トムソーヤーの冒険』には、男の子たちだけではなく、女の子、そう〝われらがマドンナ〟＝ベッキーが出てきます。ベッキーはトムソーヤーのまちに引っ越してきた地方判事の娘で、元気だけれども品が良く、トムソーヤーと仲の良い友だちになった女の子。ときには、〝そんなことしちゃダメ〟という「お母さん的な役割」も果たす重要人物です。高いところは少し苦手なようですが、トムソーヤーと遊ぶことが大好き。冒険心があり、新しいことに取り組んでいくことではおじけません。

夢を追いかけることでは、男の子だろうが、女の子だろうが性別は関係ありません。

ここまでの話では、たまたま私が「野人」的なところがあってなのでしょうが、女の子と一緒に何かに取り組んでいくという話題が出てこなかっただけです。女の子、あるいは大人の女性でも、積極的に社会や物ごとに働きかけていく人は数多くいます。そのような人はみんなベッキーです。

私のいた上野動物園には、わすれることができない代表的な人がいます。これまでのお話からすると時間的にはあとのことになりますが、増井光子さんです。増井さんは、パンダの人工繁殖に日本で初めて成功（1985年）するほか、上野動物園には私より4年早い1959年から勤務し、92年から95年まで、女性ではじめて園長をしていました（その後、よこはま動物園ズーラシア初代園長なども歴任しています）。

増井さんは麻布獣医科大学を卒業したのですが、学生時代から馬術部に属していたほど馬が好きでした。ぐじゅぐじゅした人がきらいで、私が〝サッパリした男〟だと思ってくれたのでしょう、府中や中山の競馬場に連れていってくれました。

そこで私は感心してしまいました。「パドック」という、馬が走る前に競走馬を観客に見せるところでのことです。増井さんは熱心に馬を観察して、〝ここは汗をかいている〟とか、体の特徴を解説してくれるのです。しかも、それをすべてメモします。これは、私が子ども時代に清水先生から学んだ、「観察と記録」の大切さそのものでした。

私がいま館長をしているアクアマリンふくしまにも、ベッキーは大勢います。スタッフは合計で

中山競馬場のパドック。レース前の競走馬を間近で見ることができます。

147人いますが、そのうち、女性は82人。ですから58%が女性です。この人たちはそれぞれの仕事を一生懸命にこなし、新しいことにも積極的に挑戦しています。もちろん男性スタッフも生き生きと活躍してくれています。

この本を読んでくれているあなたが女の子なら、何ごとにもおそれずに挑戦していくベッキーがかならずあなたのなかにいます。遊ぶことが好きで、人の笑顔が好きなベッキーは、自分のことだと気づくでしょう。可能性に向かっていく勇気さえもてば、あなたがベッキーになることはまちがいありません。

第2節 日本でのトムソーヤー＝5つのチャレンジ

チャレンジ1 タッチプールを思いつく

タッチプールは、こうして生まれた

上野動物園に新設された水族館は、オリンピックにあわせて開館したものの、4階建ての半分は未完成でした。当初の職員は開館の準備・運営のために採用された人員でしたから、工事が進行するにつれて実際の展示もはじまると、当然のことながら仕事量が増えて

いきます。だから、労働条件としてはかなりきびしいものでした、新しいことを〝ああだ、こうだ。こうすればうまくいくんじゃないか〟との試行錯誤の連続です。前例がないだけに失敗もあります。でも、現場の職員としては、こんなにおもしろいことはありません。もちろん、館長、係長、ときには園長の意向をうかがうのですが、かなり自由に実行させてくれました。

水族館の仕事は、採集にはじまります（次に飼育研究、展示という流れ）。しかも初めて開館する水族館ですから、どれだけ多彩な種類の生き物を採集してくるかは大きな課題です。私たちは数人で三浦半島や房総半島の磯にかよいました。10月の開館にあわせて、厳冬期でも葉山の磯で潜水採集をしたものです。

冬に採集するというのは、確かに非常に寒いのでつらいですが、運んでくるには適しています。生き物が弱らないからです。こうした大変だなぁと思うところにも、反対に好都合という面がひそんでいることに気づかされもした経験でした。

サカナやエビたちをとりすぎたという失敗談もあります。磯に出かけてサカナや貝たちをとることは、いわば「磯遊び」といっても良いくらいで、あまりに楽しく、「遊び心」旺盛な私たちトムソーヤーは、少しとりすぎてしまったのです。水族館にもちかえってみると、予備の水槽さえもいっぱいになってしまい、途方にくれることもありました。

私たちは、こうした苦労を経てコツコツと採集してきたサカナたちを、常設コーナーにすることにした3階のフロアに小型水槽で展示することにしました。準備を進めているなかで、予想していなかった幸運もありました。

常設展示のフロアの階下である2階が休憩スペースになっていて、しかもそこにはかなり大きな空間が広がっている。一方、とりすぎてしまった結果のサカナたちが「予備水槽いっぱい」にいる。この広い空間を、活用しない手はない！とみんなが考えはじめたのです。

いろいろな意見や案を出しあううちに、私のなかにひらめきが生まれました。高さが人の腰ぐらいまでの水槽にサカナたちを泳がせ、その背中にタッチすることができれば、子どもたちはかならず喜んでくれるはず。「磯遊び」の感

このときに発案したタッチプールは、アクアマリンふくしまの世界最大級の「蛇の目ビーチ」にも発展。

覚です。さらにアイディアはふくらみます。「腰ぐらいまでの水槽」ではなく、小さな子どもでも安心して遊べる「プール」をつくればもっといい！

そう、いまでいう「タッチプール」です。このころは、まだ日本ではおこなわれているところはありません。外国でもまだだったと思います。こうして1965年に、磯の生物にさわれる、畳2枚ほどの手づくりタッチプールで展示するコーナーが日本で初めて実現しました。

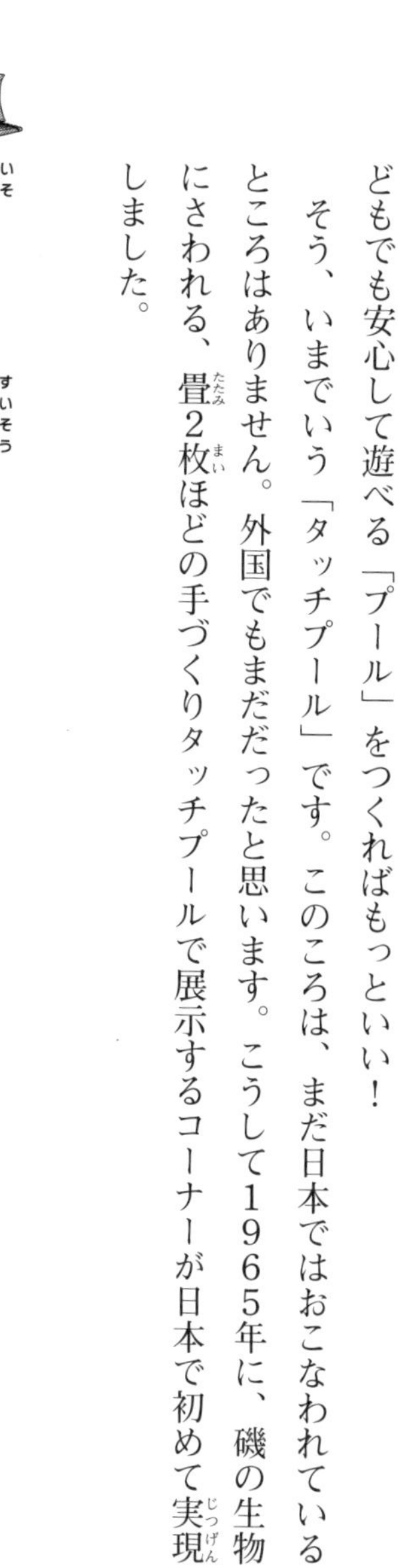

磯のような水槽をつくろう！

タッチプールはこのようにして実現することになりましたが、「プール」にサカナが泳いでいるだけでは磯の雰囲気は出てきません。とはいえ、ホンモノの岩をもちこむのは展示がえをすることなども考えると大変ですし、ましてホンモノの岩礁をもちこむことは無理な話です。

そこで、ラス張りモルタル擬岩（発泡スチロールなどで岩をつくり、表面にラスとよばれるうすい金網を張って補強して、そこに砂とセメントと水とを練りまぜたモルタルをぬり、岩のような色をつけたもの）を自分たちでつくり、磯らしい雰囲気をつくることに成功しました。
さらに私は、その方法だけではあきたらず、モルタル擬岩がかたまってしまう前に、ビニールシートをしいて、けずりクズで館内がよごれないようにした上で、リアルな岩にするには、ここをもう少し深く掘ってみようなどと、熱中したものでした。これには、次の項でお話しする新水族館開館当時の水槽などの展示施設で、この経験がいきました。

タッチプールはいまでこそほとんどの水族館がそなえていますが、おそらく当時は、どの水族館でも同時発生的な人気の出しものだったにちがいありません。

私たちがつくったタッチプールは、三浦半島などで採集してきたハゼやカニ、イソギンチャクなどふつうの磯にいる生き物ばかりでしたが、興奮した子どもたちの鼻息が聞こえるほどの人気をはくしました。子どもたちが夢中でさわるあまり、カニの足がもげたり、ウニでキャッチボールをしたりするなど、私たち係員がいないと大変なことになる状況ま

手をのばせば生き物にさわれるタッチプール。

でにぎわいました。

けれども、これで直接生き物にふれる、さわることの大切さを子どもたちに会得してもらえたと思っています。

水槽のデザインに打ちこむ

上野動物園水族館の正式名称は、「水族爬虫類館」となっていました。しかし、先にも少しふれましたが、開館時には、3階の淡水魚展示エリア大半と4階の両生類・爬虫類展示エリアはまったく未完成でしたので、「水族爬虫類館」の看板はなく、上野動物園水族館として開館しました。上野動物園は東京藝術大学と隣接していたため、開館当初の水槽内部の造形の多くは、同大学の彫刻科の学生がアルバイトで手伝ってくれていたようです。

私が入ったころは、未完成部分の水槽内部の造形は、動物園の工事課が手配した浅草の工芸左官職がやっていました。銭湯の壁面の絵や造形を手がけていた人たちです。先ほど私たちだけで「タッチプール」の素材だったモルタル凝岩をつくったとお話ししましたが、そうした造形と共通でした。浅草の工芸左官職は人柄も良く、モルタルのコテさばきも一流でした。水族館の3階の未完成部分を、本職の邪魔をしながらも協働できたことは、私の大きな体験でした。

職人技にトムソーヤーは敬意を表明します。これは「ケガの功名」でした。なぜなら新水族館の建築が大幅におくれ、開館から3年を経て全館完成となるわけですが、そのために、自分たちでつくらざるを得なくなったからです。結果、私たちが主体となって3階の淡水魚水槽や4階の両生類、爬虫類槽まで、その都度水槽をデザインし、擬岩を手づくりすることになりました。展示施設に責任をもつ私たちの視点が入ることを可能にしたのです。若い私たちがおこなった、これらの共同作業を通じて、未熟ではあっても新しいものに向かって自分たちの力でつくっていく喜びや大切さを教えられたと思っています。もちろん、私が幼いときからさまざまなことを教えてくれたトムソーヤーたちのおかげであったことはいうまでもありません。

浅草の工芸左官職の人たちからは、仕事の魅力とはこういうことなんだなということを学びました。彼らは、銭湯の壁づくりなどはしたことがあったにしても、水槽の壁づくりはしたことがありません。水槽の壁面には私の絵をもとにして描くものもあり、最初のうちは経験したこともない仕事でめんどうくさがりました。しかし、やっているうちに、新しいものをつくるのですから楽しいのでしょう。おもしろがって自分たちの工夫も入れながら取り組んでくれるようになりました。

私たちよりも年長で、おじさんのような人もいましたが、仕事に向かいあうと、自分から打ちこんでいってくれるのです。仕事とは、そのようなものだと教わりました。

このときの作成で一番力を入れたのが、水槽のなかでの遠近感をどのようにつくりだすかでした。水中では、実際の距離よりも3割ほど近くに見えます。だから奥行きまでの距離を3割長くしておかないとふつうのイメージにはなりません。けれども、水槽の奥行きは、スペースの関係もあって変更不可能です。

では、どうするか？　頭をひねり、突出した擬岩を水槽ガラス面に近い両側に配置すれば遠近感を強調できることに気づきました。また、正面壁を袋状にして奥に向かってグラデーションをつけて彩色すれば、さらにその効果を増すことも考えつきました。

しかし、擬岩の材料はモルタ

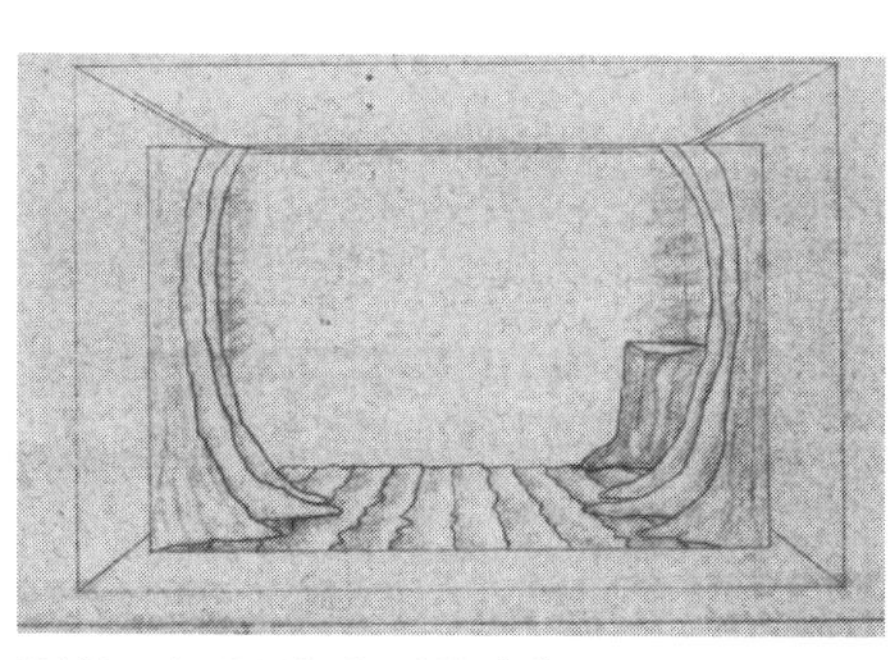

私がかいた1966年時の水槽デザイン。

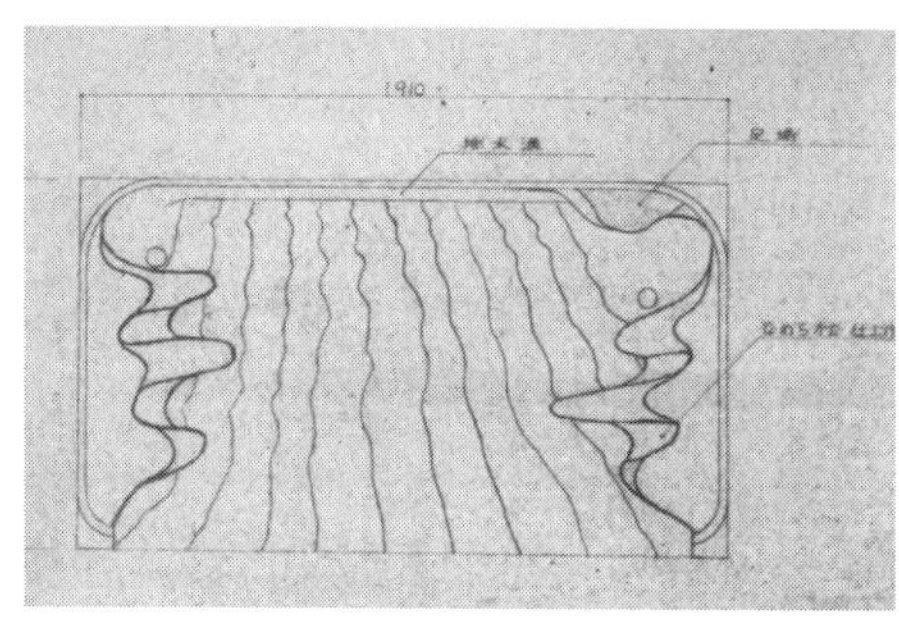

同じく1977年時の水槽のデザイン。

ルに限定されていますから、単純化せざるを得ません。好むと好まざろうとも抽象化するしかありませんでした。

　このときには擬岩は水槽底の面に限定し、底に波のマークを入れ、正面壁はなめらかな凹面としました。しかし、いま「アクアマリンふくしま」につくっている日本庭園が枯山水に行きついたように、その後はいくつかは波マークだけの水槽に単純化しました。この話は、またあとでいたしましょう。

チャレンジ2　人食いザメを飼え

人食いザメを捕獲せよ！

　10月の開館をめざしていた64年の夏のことです。水族館の入り口の２００トンの大水槽で何を展示するのかが大きなテーマになっていました。「人食いザメを捕獲せよ！」が、林園長の業務命令でした。飼育係の仕事は、展示動物の採集、フィールドワークからはじまりますから、林園長の業務命令はとても重いものです。

　飼育係は総出でこのテーマにとりかかりました。さらに、林園長は「捕獲せよ！」と命じて園長室の椅子にすわっているという人ではありません。自ら東大の練習船淡青丸に乗船して、私たちと何度も伊豆海域に出漁しています。

伊豆海域でもアオザメ、ヨシキリザメ、ハチワレなどが延縄（多くの枝縄がついています）にかかってきました。釣り上げたサメに麻酔薬を噴霧したり、方形の生け簀に収容したりして輸送を試みましたが、すべて失敗に終わりました。

思いおこせば、みそ汁がおわんのなかでかたむくほどという風速20メートルの大時化のときに、林園長はみんなが船酔いでグロッキーになっていても、1人だけ酒をかたむけていたことがあります。怪人としか思えませんでした。

結局、新水族館の開館時、「人食いザメ」が泳ぐはずの大水槽は、代役を考える必要にせまられました。私たちの技術力が絶対的に不足していたのです。主役は養殖ハマチの大群になりました。

それから4年後の1968年、小笠原諸島がアメリカから返還になり、東京都に編入されました。東京から1000キロメートルのところです。シュモクザメやメジロザメなどのお産の場でもありました。すぐに、小笠原へ採集に出かけます。現地の海洋研究所に組み立て円形水槽を準備し、早速、島育ちの1メートルばかりのシュモクザメやドタブカを採集しました。しかし、すぐには輸送せず、円形水槽でエサを食べさせて1週間ばかり飼育するという慎重な方法をとりました。

帰りは、東京行きの旅客船のデッキに円形水槽を組み立て直し、サメを水槽に移動していざ出航。船が沖合に出れば外洋ですから、波は高くなります。水槽の水は、船のゆれも加わり複雑な波が立ちますが、とくに問題とは思っていませんでした。

ところが、しばらくするとサメは苦しそうに体をくねらせ、腹を見せて次つぎに死んでいきます。

原因不明！　絶句です。

「なぜだろう？」

「エサをやりすぎたのかな？」

「そんなことないよ。いつもと同じものを、同じように与えていたんだから」

「わからない⁉　どうしたことなんだ！」

船上で、私たちは頭をかかえてしまいま

上野動物園の水族館の大水槽で展示された「人食いザメ」。

した。

この難問はなかなかとけませんでした。小笠原での外洋性サメの採集は年に一度だったので、未解決のままときが過ぎました。水族館の大水槽は、ハマチの群れを展示することでぐっと我慢です。

小笠原からのサメの輸送は何度か失敗し、ときが過ぎていきました。実は何のことはない、サメは船酔いをしていたのです。円形の生け簀の海水が船のゆれによって複雑な動きをして、サメの神経が対応できなかったということがわかったのです。解決策は、水槽を満杯にして密閉することでした。こうすれば複雑なゆれは起きません。トラックの活魚輸送でも、水槽水のゆれは同様の被害をもたらしていたといいます。失敗しても、解決策を見つけることが大切なのです。

チャレンジ3 クラゲを展示する?

偶然からはじまったクラゲ展示

上野動物園水族館での私の担当の1つは、3階の磯の生物コーナーでした。せまくて暗い楽屋裏でしたが、そこには明かりとりのためにつくられた「銃眼」のような30センチメートル角の小窓がならんでいました。展示水槽の楽屋裏には飼育係の性格が表れるものです。なにせせまいところなので、あらゆるところが水槽置き場になります。その小窓に目をつけたのですが、こんなところに水槽を置くのはとんでもないことでした。しかし、私の性格が表れました。鈍感力です。小さな水槽を置くことにしたのです。これがまた、新しいものを生み出すことになろうとは、思ってもみませんでした。

１９６５年の秋の日のことです、私はその水槽の前に、ふと立ちどまりました。もともとは明かりとりのためにつくられた小窓です。太陽光がさしこんできていました。その小さな水槽に見たことのない生物が泳いでいるではありませんか。逆光に舞うミズクラゲのエフィラ（65ページの図参照）でした。磯から運んだ石にミズクラゲのポリプがついていて、たまたまもちこまれたのでした。窓際の水槽で見つけたエフィラの美しさに、私はひかれてしまいました。

初代館長だった久田さんも、以前からミズクラゲに大いに関心があり、上野動物園の新水族館で教科書にも出てくるミズクラゲの生活史を常設展示できないものかと考えていました。そこに、私がエフィラを偶然発見したのです。１９６６年の11月、久田館長ともども、早速、東北大学の浅虫臨海実験所に平井越郎先生をたずねました。

平井先生は上野動物園愛好会の機関誌『どうぶつと動物園』（１９５９年6月号）にミ

ズクラゲの生活史の研究の成果を紹介されていました。そのことを知っておたずねしたのです。そこには、共同研究者の柿沼好子先生もおられました。研究室では、懇切丁寧にミズクラゲの生活史の各ステージやクラゲ類全般の飼育のコツを伝授してくださいました。

当時、クラゲ飼育についての参考文献は多くありませんでした。海外でも、1897年に発表されたブラウンさんという人の「水槽内でのクラゲ飼育について」があるぐらいです。そのようななかで平井先生は、『東北大学浅虫臨海実験所紀要』（1958年）に「ミズクラゲとアカクラゲの生活史について」を、そして私たちが平井先生をたずねるきっかけになった『どうぶつと動物園』に「マイクロアクアリウムのこころみ」と題してエダアシクラゲやミズクラゲの世代交代展示について寄稿されていました。同じ浅虫臨海実験所の共同研究者である柿沼さんも、62年に「エダアシクラゲとミズクラゲの分化の要因について」を報告されていました。

さらに、浅虫臨海実験所の付属水族館では、すでにクラゲの生活環の各ステージを、プロジェクターを使って展示していました。

「クラゲ工場」誕生

上野水族館では開館後、浅虫臨海実験所の教えも力にしながら、楽屋裏でクラゲ類飼育の試行錯誤をくりかえしていました。それが成果となって現れたのは、開館から3年後、1967年のことです。私はその楽屋裏を「クラゲ工場」と名づけました。受精卵からクラゲになるまでの「生産過程」見せる場所だからです。

ミズクラゲの成体はオス、メスのちがいがある有性世代です。クラゲの成長には大きくいって6つのステージがあります。最初は受精卵の状態。そこから4つの幼生期（楕円形で海に浮遊するプラヌラとよばれる幼生、その後海底に降りて、イソギンチャクのように岩などにくっついて育つポリプとよばれる状態、次がストロビラといわれお皿のような形をした状態で、これはまだポリプと同じようにくっついています。そして幼生の最後の形になるのがエフィラとよばれ、花びらのような形をして浮遊しはじめます）を過ごして、有性世代のクラゲに変態します。

この各ステージを常設展示するのです。ここで一番気を使ったのが、ステージごとの安定的な繁殖でした。常に展示するのですから、これは必須条件になります。この知識は、すでに浅虫臨海実験所での体験で頭に入っていました。そのコツは、高密度な飼育とほうりっぱなしにしておくような飼育を組み合わせることでした。

なかでもとくにむずかしかったのは、海底にくっついた状態で成長するときの、ポリプからストロビラにかわるきっかけがわからなかったことです。海中で浮遊する受精卵、その次のプラヌラ、クラゲになる直前のエフィラの状態のものと、浮遊しているプラヌラから海底にくっつくポリプまでは、それほどむずかしくなく自然にほうっておいても問題はありません。ところが、そのポリプからストロビラにはなかなか変化しないのです。

いろいろな本を読んでもわかりません。どうすればいいのだろうと、考えこみました。しかし、待てよ。自然界ではうまくいっているのだから、その状況を知れば成功するはずだ、きっ

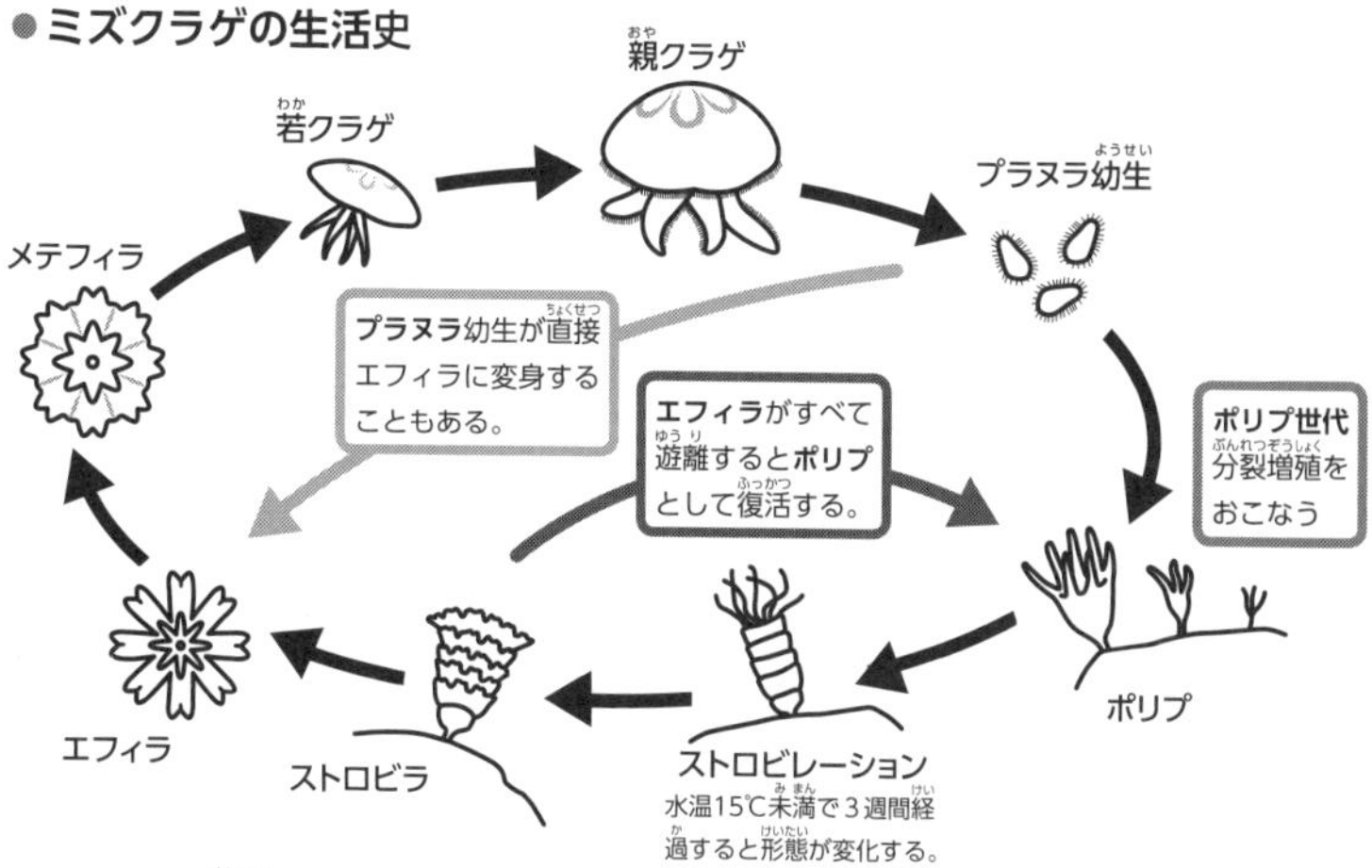

●ミズクラゲの生活史

親クラゲ
プラヌラ幼生
ポリプ世代
分裂増殖をおこなう
ポリプ
ストロビレーション
水温15℃未満で3週間経過すると形態が変化する。
ストロビラ
エフィラ
メテフィラ
若クラゲ
プラヌラ幼生が直接エフィラに変身することもある。
エフィラがすべて遊離するとポリプとして復活する。

クラゲの成長過程。

と海のなかに正解はかくされている、と考えついたのです。

それから三浦半島にかよいました。調べていくなかで、秋の季節のかわり目にポリプがストロビラとなることをつきとめました。そうか、水温が関係しているのだ、しかも低下しはじめるときがそのきっかけなのだと、わかったのです。早速、たくさんのポリプを飼育している水槽の温度をさげてみることにしました。

でも、ただ水温をさげただけではストロビラに変化はしても、その数が少ない。常設展示をするには、多くの数を安定的に増殖しなければならないのですから、これだけの数ではまにあいません。これを解決する方法を見つけなくては！

ストロビラになる前段のポリプは、20℃ほどに保温した水槽に付着板をセットし、エサにブラインシュリンプ（大きさは1ミリメートルにもならない、ごく小さなエビのようなもので、泳ぎまわります）を与えれば、付着板が真っ白くなるほど増殖できていました。問題はそこから先。この解決に苦しんだのです。

苦しんでいるときほど、ひらめきが生まれるものです。生き物が活発に動きはじめるきっかけに「炭酸ガス効果」というものがあることは学んでいました。生き物は酸素がなければ生きていくことができません。だから、炭酸ガスが多量にあるところに生き物を入れると酸素をほしがって必死になります。この酸素をほしがって動きを活発にさせることを「炭酸ガス効果」といいます。

　ということは、たとえばぎゅうぎゅうづめの満員電車と同じように高密度にすれば動きを活発化させるのではないだろうか。ふつう、生き物を育てようとすると、できるだけ良い環境にしようと考えますが、これは逆。悪い環境にしようという逆転の発想です。うまくいかないかもしれないけれど、やるだけはやってみようと挑戦したのです。

　付着板に真っ白になるほどくっついたポリプをカミソリでそぎ落とし、せまいシャーレ（培養実験に用いるガラス製の平皿）に高密度に集めました。水温の変化が関係するという「季節のかわり目」で学んだこともわすれずに、20℃に保温していた水槽の水を15℃ほどに急変させることも同時に試しました。

　すると、大半のポリプがにげだそうとするかのようにストロビラに変化し、さらにエフィラとなって浮遊しはじめました！　大成功です。

　これで幼生期の難問はすべて解決！　楽屋裏の「クラゲ工場」の生産ラインが整いました。１９６７年の夏休み前のこ

1967年のクラゲの展示。

とでした。
いよいよ、ミズクラゲのおひろめです。卵から成体まで一貫した飼育・繁殖に成功したわけですから、1つの生き物の「生きる姿」を見せることができるわけです。そこで、ミズクラゲを3階の特別コーナーで大きく押しだすことにしました。「ミズクラゲの生活史コーナー」と銘打ち、成長したミズクラゲを水槽展示し、ミズクラゲを3階の特別コーナーで大きく押しだすことにしました。、ポリプ、ストロビラ、エフィラなどはプロジェクターを使って展示したのです。

当時、クラゲは採集して飼育することは困難とされていました。エフィラから親クラゲに育てあげ飼育するのも一苦労でした。親クラゲのための酸素を豊富にしようとエアレーション（水中に空気をとかしこむこと）の装置を試してみたのですが、エアレーション気泡がクラゲの胃腔に入ってしまい、傘に孔をあけてしまったこともあります。それでは元も子もありません。

では、どうするか？　水質浄化のための水循環とクラゲの舞いを両立させるという問題です。これにも工夫が必要でしたが、すぐに思いつきました。気泡と親クラゲの距離を適当にあけることです。水槽を大型にすればいいのです。これで親クラゲにとっても安心できる環境をつくることができました。

えっ！「クラゲ外交」？

クラゲの常設展示場は、1994年の上野水族館閉館まで27年間継続されることになります。展示がスタートした当初、私は、この斬新な展示を多くの人に知っていただく方法はないかと考え、まず先に述べた浅虫臨海実験所の平井先生も寄稿された、雑誌『どうぶつと動物園』（現在も発行中）があることを思いつき、ここに「くらげを飼う」という紹介記事を載せることにしました（1967年8月号）。生き物に関心をもっている人たち向けの雑誌ですし、夏休みも重なって大きな反響をよびました。

さらに、クラゲの一生がわかる展示は、世界でもあまり例がないので、〝世界の人たちに知ってもらう方法はないだろうか？〟と考えました。現在のようなインターネットのない時代です。しかし、トムソーヤーのような元気な精神と、結果を求めようとする強い思いがあればひらめくものです。クラゲの飼育で最初に教えを請うた東北大学の浅虫臨海実験所は、研究成果を定期的に発表する「英文紀要」をもっています。私たちは学術的な成果は英文で報告する教育を受けていたので、これに私たちが進めてきた飼育や展示の報告を載せれば、〝きっと誰かが読んでくれる〟、それに発表しようと考えました。いわば「クラゲ外交」をはじめようとしたのです。1969年3月のことでした。

すると、私たちの報告を読んで1975年5月末に、ベルギーのアントワープ動物園水族館のバンデンサンデさんがやってきました。「英文紀要」に発表してから6年もたっていましたが、思いはこのようにかならず伝わっていくものです。そのときの感動はいまもわすれません。

バンデンサンデさんは、クラゲの飼育をベルギーでもやってみたいと思っていたのです。数日間飼育実習をして、プラスチック容器にポリプとエフィラを入れて6月4日に飛行機でアントワープに直行しました。そして、しばらくは苦労されたようですが、ヨーロッパで初めて、ミズクラゲの一生を常設展示するに至っています。私たちの「クラゲ外交」が実を結んだといえます。

このほかに、モントレーの水族館からもたずねて来てくれました。こうした海外との交流はいまも続いています。

チャレンジ4 日本産ミヤコタナゴを守れ!

絶滅のがけっぷちにいたミヤコタナゴ

ミヤコタナゴという小魚がいます。全長30〜40ミリメートルの淡水魚で、関東地方より北の太平洋側だけにすんでいる日本の固有種＝タナゴの1種。きれいな水を好んで、かつては東京都にいっぱいいました。「ミヤコ」というのは、この東京都の名前にちなんでつけられています。

ミヤコタナゴはコイ科の小魚で、日本産タナゴ類は15種ほどに分類されます。タナゴ類の生態で特異なことは、いずれの種もイシガイ、カラスガイ、タガイ、マツカサガイなどの淡水にすむ二枚貝に産卵すること。初夏の産卵期のメスは長い産卵管をひらひらさせて泳ぎ、それを貝の入水管でなく出水管にさしこみ、貝のエラに卵を産みつけるのです。オスのタナゴは貝のまわりになわばりをつくり、メスをさそって産卵させた直後に放精。精子は吸水管経由で貝の体内に入り、卵に受精させます。

これでタナゴの卵は安全。なぜなら、貝のエラのなかですから、かたい貝殻に守られて外敵に食べられることがないからです。

でも、貝のほうは迷惑ですよね。しかし、そうではないのです。貝は貝で自分の繁殖のために、子どもであるグロキディウム幼生を放出し、産卵するタナゴのエラに付着させて、子孫の分散をはかっています。ともに助けあうという関係ですが、小川が汚され淡水二枚貝のすめない環境になれば、タナゴ類も絶滅するということにもなります。

現在、ミヤコタナゴの分布域は、名前の由来となった東京近郊からは姿を消し、千葉県養老川水系、栃木県大田原、埼玉県所沢市、群馬県城沼などとされています。オスの婚姻色（繁殖期にかぎって現れる体色）が美しいので群馬県城沼ではベンタナ（紅タナゴ）、埼玉県所沢ではナナイロ、栃木県ではオシャレブナ、千葉県小浜ではミョーブタ、千葉県勝浦ではジョンピーなどの地方名がついていて、それぞれの地域に密着し、親しまれている小魚でした。ところが、保全活動に熱心な生息地ではほそぼそと生きのびてはいても、絶滅が心配されている状況です。

　ミヤコタナゴがすんでいる場所は、湧水のある水田の細い流れのところのほか、小沼や平地の林のなかを流れる幅1メートル前後の小川です。雑食性で、石などについ

©更井順則

ミヤコタナゴ。口角には一対のヒゲがあり、体色は紫色を帯びた銀白色、肩部に小さな暗点があるのが特徴。婚姻色は、ナナイロというように、体側から腹側にかけて紫から赤にかわっていきます。とくに紫の光沢は美しく、尻ビレは基底近くが黒色、その外側に白色帯、その外側が朱赤色と色彩が豊か。腹ビレにも同じような帯があります。一方、メスは婚姻色が現れません。

ている藻類や川底などの水生昆虫、ミジンコなどを食べます。先ほど、タナゴ類は二枚貝に産卵するとお話ししましたが、ミヤコタナゴは上流域にすんで小型のマツカサガイに、ヤリタナゴやマタナゴは下流域で大型のカラスガイやドブガイに産卵することで、生活圏をすみわけていました。

その後、中国からタイリクバラタナゴが移入されました。この種は、繁殖力が強く春から秋まで産卵するため、小川の環境のバランスがくずれてしまい、環境汚染で追いやられていた日本産タナゴはさらに絶滅のがけっぷちへと追いやられ、「種の危機」に拍車がかかっています。

絶滅危惧種ということでは、みなさんがよく知っているメダカがランキングの上位にいます。それをとらえて、テレビのバラエティー番組では、〝「メダカの学校」は廃校の危機〟などととりあげていますが、人知れず絶滅していく生物がいかに多いことでしょう。原因は、環境が病んでいることにあります。こうした現象は、私たちへの警鐘ととらえることが必要でしょう。

ミヤコタナゴの産卵装置をつくる

いまお話ししたように、ミヤコタナゴは「絶滅のがけっぷち」にありましたから、私たちも水族館職員としてこの危機をどう切りぬけられるかを考えました。

ミヤコタナゴは、かつては東京周辺ではどこにでも見かけられた小魚です。環境が整っていれば、飼育するのはむずかしい生き物ではありません。しかし、ミヤコタナゴが産卵するマツカサガイは環境悪化などから「絶滅危惧種」に指定されるほどになっているため、ミヤコタナゴが産卵する場がないのです。

そこで私はミヤコタナゴの繁殖に取り組みました。ただ、マツカサガイの飼育は困難でした。そこで、マツカサガイの殻を使って人工の出水管と入水管をつけた「人工産卵装置」をつくりました。見た目では生きている貝とかわりません。ミヤコタナゴはすっかりだまされて、オスは人工貝になわばりをつくり、メスをさそってさかんに産卵させました。

産卵後は、装置から卵をとりだして、別の容器に移して孵化させます。稚魚も無事育てることができました。

卵は1回に15個ほど、1・5ミリメートルぐらいの大きさで、スーパーなどで売っている「ぎんなん」の薄皮をはいだ実に似た形のものが、3日ほどたつとオタマジャクシのような赤ちゃんになります（色は黒でなく、うすい黄色）。これが半月ほどたつと、サカナの形になり、稚魚となります。

うれしかったことは、この繁殖方法で生きた貝の飼育というむずかしいところをパスして、タナゴの個体の繁殖のお手伝いができたことです。繁殖個体を自然の生息場所に放流すれば、生息地の個体の増加に貢献できます。少なくとも水族館の展示個体の自給ができることになりました。

ミヤコタナゴの「人工産卵装置」。

チャレンジ5 カワセミ党？

これは上野動物園水族館のチャレンジとはいえませんが、水族館の〝住人〟のチャレンジとしてお話ししておきたいと思います。釣りの腕をみがくことは、水族館の〝住人〟として大切な技術でもあるし、やはり「トムソーヤー精神」の元気な表れだと思うからです。その〝住人〟とは、「型やぶりな人」としてすでに紹介した久田館長です。久田館長は大の釣り好きだったと先に述べていますが、その久田館長が音頭をとって「釣り会」をつくろうということになりました。

楽しさと独創性を追求する「トムソーヤー集団」です。会の名前にもこり、渓から渓へと山女魚や岩魚をくわえて運ぶカワセミが良いだろうと、漢字の翡翠をあてることにしました（翡翠は宝石の1つですが、もともとは中国でカワセミをさしていました）。さらに、「釣り会」という名前ではつまらない、徒党を組むのだからと「翡翠党」に決定。念の入ったことに、カワセミの党員証までつくりました。これがトムソーヤー気質なのですね。「党員」はみな若かったので、3月、渓流釣りの解禁日になれば、紀伊半島の大台ヶ原や木曽川筋までアマゴ釣りに遠征したものです。鮎釣り期になると、党首の久田館長とともに伊豆狩野川にかよいました。修善寺をこえて、上流にある「オトリ鮎」を商う大川囮屋さんのところで、河原に降りる前に、決まって川と鮎の状況を聞きます。狩野川は、ざら瀬、巨石、岩盤と変化に富み、水量が安定しています。海から遡上する野鮎が多いので、釣れる鮎は大小不ぞろい。そのため、「オトリ鮎」をかえるたびに、しかけの微調整が必要になります。ゆえに鮎釣りの修行には最適の川とされ、この川で腕をみがいて名人が育つといわれています。狩野川では、秋のつるべおとしの陽をあびながら、11月まで釣りを楽しんだものでした。

狩野川で腕をみがいた私たちは、やがて大鮎の魅力にとりつかれます。場所は、鬼怒川の氏家というところです。この地域には独特の竿がありました。「那珂川

小魚をくわえたカワセミ。　© Pierre Dalous

竿」というもので、一番の特徴は弾力性があることです。瀬の上流で鮎がかかると、大石だらけの川岸で竿を立てたまま「ホーイ、ホーイ」とまわりに声をかけながら走る必要があり、そのときに、やわらかい竿は、かかった大鮎への衝撃を弱めてくれて好都合でした。鮎の体力消耗を待ってタモですくいあげます。ここでも、現場の川に適応した釣り道からよく学ぶ「トムソーヤー精神」が必要でした。

先（↓47ページ）に紹介した「釣り日記」をめくると、「翡翠党」の久田党首や党員の面影がうかびます。久田党首は１９８４年に上野動物園水族館から多摩動物公園園長として異動され、私も久田党首が在任中に多摩の昆虫飼育係長として異動し、数年にわたって久田トムソーヤーの教えを受ける機会がありました。久田党首はその後、多摩動物公園園長をしりぞき、日本動物園協会の顧問をされていましたが、２００２年11月27日に亡くなられました。享年76歳。いまの私とほぼ同年齢でした。

ちょっと一息コーナー

トムソーヤーの失敗

これまで失敗はしながらも、ついには成功したという話が多かったのですが、そううまくことが運ぶばかりではありません。これは久田館長にしかられた失敗談です。

私は当時、飼育係でした。早朝の大切な日課の1つが、ガラスにつく珪藻類のコケ掃除。来館者の方がたにきれいな水槽で見てもらうためです。でも、毎日のことですから、これを効率的に解決するにはどうすれば良いかを考え、アルジーイーターというコケを食べるコイ科のサカナを「掃除屋」にしたてようとしました。

水槽の1つに、大きなオーストラリア肺魚がいました。そこで思わぬことが起こります。

アルジーイーターは、ガラスに生えた珪藻のコケよりも、肺魚の背中の皮膚がおいしかったようで、そこをかじってしまったのです。その傷あとに白い水生菌がはびこって、貴重な肺魚は死んでしまいました。

久田館長からは「大物殺しの安部くん」の称号をいただくはめに……。

しかし、私はいまでも、ガラスの清掃はサカナにまかせられないかと真剣に検討しています。アルジーイーターではなく、ボラが候補になっていますが。

第3節

マクトーブでのトムソーヤー

未知への好奇心にひかれて

マクトーブとは、アラビア語で「書かれたもの」という意味があります。「アラーのおぼしめし」ということでもあります。私の2年にわたるアラビア湾奥のクウェート国での体験は、まるで全能の神アラーに導かれたような、マクトーブでした。あしかけ2年ですが、充実したアラブ世界の体験でした。これは私にとって「冒険」そのものでした。私のマクトーブをご紹介します。

私が上野動物園水族館に採用されてから6年目。1968年、大学で私の担任でもあった恩師、黒沼勝造先生から「中近東のクウェート国からアラビア湾の魚類調査の要請が来ている」との話がありました。これまでお話ししてきたように水族館の仕事は楽しく、まったく不満がありませんでした。だから、転職をしたいとも、部署をかえてほしいとも思っていませんでした。

しかし、〝海外に行ける。しかもめずらしい「アラブの国」。そこにはどんなサカナたちがすんでいるのだろう⁉〟という未知への興味がかきたてられ、私は二つ返事で引き受けました。未知への好奇心が一番大きな力になりましたが、尊敬する黒沼先生からのお話だということも、私の背中を押しました。

黒沼先生は、アメリカのミシガン大学で魚類分類学を学び、東京水産大学の学長までつとめられた方です。１９９２年に亡くなられた先生が、魚類学教室で教鞭をとったのは数年という短い期間でしたが、私はその教授時代の数少ない不肖の弟子でした。

黒沼先生からこの打診を受けてまもなく、外務省経由で私を指名した招請状が上野動物園水族館に届きました。当時、27歳。私のマクトーブ行きは、そこからはじまりました。９月のことでした。

クウェートの港。

マクトーブにはクウェート科学研究所がありました。この研究所は、日本企業の「アラビア石油」が出資しているもので、石油と水産、それに沙漠農業という3つをテーマにしていました。とはいえ、単なる一企業の研究所ということではなく、歴史的にも日本の国策とかかわっていましたから、外務省を通じて私に招請状が来たのです。私は上野動物園を休職して、水産分野を担当する研究員として赴任することになりました。

サーリム君とフィールドワーク

マクトーブでの生活は、たった2年間でしたが、アラブの国は、若かった私に多くのことを教えてくれました。なかでも、研究所の事務局員をつとめていた先輩の田井中勝次さんからは、アラビア語を学ぶことにはじまり、アラブ世界について多くのことを学びました。彼とは今日でも旧交をあたためています。

さて、研究所での私の仕事はアラビア湾の魚類調査でした。それまでには、この海域の魚類調査はデンマークの魚類学者であるブレグバッドさんによる報告（1944年）しかありませんでした。

ここにすむサカナは、サメ（アラビア語名はナウラム）、エイ、イワシ、ネズミギス、ミルクフィッシュ（小さなサカナで身がミルクのように白いのでその名前がついています）、ウミナマズなど465種もいて、種類は豊富なのですが、当時は調査が進んでおらず、資料もごくわずかでした。

それだけに、いろいろと調べたいという意欲がわき、調査海域はアラビア湾奥にあたるクウェートを拠点に、シャッタルアラブ川からクウェート、カフジ沖、アラブ首長国連邦、ホルムズ海峡をこえてオマーン湾にまでおよびました。シャッタルアラブ川は少し上流でチグリス川とユーフラテス川が合流しメソポタミア文明の誕生したところです。

採集した魚類は、赴任したクウェート科学研究所が建設中だったこともあり、クウェート大学の海洋生物学教室にもちこみました。そこにはアメリカ留学から帰国したばかりのサーリム・モハンナ君（のちに教授）がいて、私はその研究室に居候をすることになります。

サーリム君は童顔でしたが、辛抱強い人でした。お父さんが天然のアコヤガイから真珠をとる漁師

中東地域の地図。

だというのに、サーリム君は泳ぎが得意ではありませんでした。しかしアメリカに留学するほどですから、学業が好きで、漁師であるお父さんの血を受けて海への関心が強かったのだと思います。

クウェートの気候はというと、4月から10月までは雲ひとつない酷熱の乾燥地帯。そこにイラクからの北風シャマールが吹くと、砂嵐になることがあります。この砂嵐は想像を絶するものでした。無防備に外にいるようなことは、もちろん不可能です。車で移動中にこれに出会うと、フロントガラスがすりガラスのようになってしまうほどでした。それだけではありません。日陰がないので気温が60℃、70℃になってしまうこともあります。いつも水を飲んで汗をかいていないと熱中症になってしまう。常に水をもってくらしていないといけません。

しかし、どのような過酷な気象条件になっても、サーリム君と私は、フィールドノートをきちんと書くことをおこたらず、黒沼先生じこみのフィールドワークをともにしました。

私たちはサカナを採集し、基本的なデータをつけて標本にし、東京水産大学へせっせと送りました。赴任期間の2年を終え帰国したあとは、上野動物園水族館での本業である飼育係をしながら、合間を見つけては黒沼先生と標本の研究を続けました。黒沼先生が大学を引退した67年からは、三鷹のルーテル神学大学の上野輝彌先生の研究室をお借りして研究を続けました。このように、黒沼先生の引退後の合間を見つけての研究ですから、なかなか進みませんでした。しかし黒沼先生のあたたかいご指導を受け、1972年に『クウェートの魚』、86年には『アラビア湾の魚』をまとめ（2冊とも日本語訳はありません）、クウェート科学研究所から出版することができました。これは、クウェート国初のアラビア湾の魚類調査研究となったものでした。

クウェートとイランのサカナについてまとめた本。

ちょっと一息コーナー

マクトーブでの交流

マクトーブでの生活で思い出深いのは、現地の人たちとの交流です。とくに、チグリス・ユーフラテスの大湿地帯で、水牛と川魚漁でくらすマーシュアラブ（湿地帯のアラブ人）に出会ったことはわすれられません。

ここでは、民族長が乾燥牛糞のあかあかと燃える囲炉裏で川魚をあぶってごちそうしてくれました。また、砂漠の遊牧民ベドウィンのテントをたずねると、あるじはラクダの皮のテントの脇、やはり囲炉裏の端で、緑のコーヒー豆をいって真鍮の鉢でつぶし、小さなカップでくりかえしコーヒーをいれてくれました。

湿地帯でも、砂漠の海でも、アラブ人は航海者に優しくするという古来の不文律があったからでした。

もてなしてくれるマーシュアラブ。

「7つの海」をめざした水族館

～葛西臨海水族園(かさいりんかい)はこうして誕生(たんじょう)した～

ホウボウ

第1節 どんな「新しい水族館」をつくるのか？

ちょっとその前に――多摩動物公園昆虫園でのトムソーヤー

マクトーブでの赴任期間を終え、上野動物園水族館に戻ったのは1970年10月でした。それから上野動物園の100周年となる82年と翌83年までの12年ほどは、水族館に入って以来一貫して続けていた「水生動物の系統樹」づくりに力を入れていました。マクトーブ行きで休職していた年間をふくめると19年間、上野動物園水族館で「系統樹」を完成させることをテーマにしてきたといえます。

この「系統樹」は、水生動物がどのように進化していったのかを来館者にわかりやすく示す展示なのですが、ただ図絵として示すだけでなく、その化石や「生きた化石」などのほか、現在に至る生き物を具体的に示すことに力を入れました。いまの「アクアマリンふくしま」は4階から階を下っていくようにしていますが、上野では1階の入口からのぼってたどるというものでした。これがおおよそ満足できる形になった上野動物園開園100周年の翌年、1983年の春、私は多摩動物公園の昆虫園に移ることになります。ポストは係長でした。

多摩の昆虫園での採集・飼育・展示という仕事の流れは、水族館と共通部分が多くありました。いや、多いというよりは、展示する生き物を繁殖させる工程の管理とか、食べさせる草などの食べ物管理は、水族館とまったく共通しているといって良いでしょう。

私たちの裏方的な飼育仕事では、ゴキブリなどまったく気にしません。「気にしない」というのは、女性がゴキブリを見て〝キャー〟とおどろき、いやがるような「気にしない」ではありません。〝昆虫少年〟でもある私たちにとって、ゴキブリは昆虫ではあってもとるに足りない、ありふれたもの。「展示の対象ではない」という意味です。

多摩動物公園・昆虫園の外観。建物の形が、羽を広げた昆虫を表しています。バッタの巨大オブジェも目じるし。

そのように無関心ですから、飼育室全体は何種類ものゴキブリの運動場になっていました。

　ある日、そんなゴキブリの走る姿を見ていながら、すばしっこく忍者のように現れては消えていくようすに、日常のことなのに笑ってしまい、ハッとひざを打ちました。これもおもしろい！

　係長だった私は、部員に聞いてみました。

「これ、展示してみないか？」

「え～、ゴキブリをですか～」と、あきれ顔での返事です。

　当時の昆虫園の職員は10人ほど。年齢もバラバラで、なかにはそのころ廃止された都電の運転手だった人もいました。なにも動物園や水族館育ちでなくても、

昆虫園でのゴキブリの展示。海外のゴキブリも飼育しています。

〝昆虫少年〟ならば問題なかったのです。そのような多様、多彩な人たちばかりでしたから、私の突拍子もない提案にも、すぐに「おもしろいかも」と思いなおして、とりかかってくれました。

これが、思った以上に観覧者の関心を集め、大きな話題になりました。それから何十年にもなりますが、いまでも常設展示として続いているといいます。

私は、この昆虫園には2年いることになりますが、当時から東京・葛西に新しくつくろうという水族館の検討委員の1人でもありました。

「東京都建設局公園緑地部計画課への異動を命ず」

多摩動物公園昆虫園で、ゴキブリ展示やゲンジボタルの展示に〝昆虫少年たち〟と打ちこんでいた私に、「東京都建設局公園緑地部計画課への異動を命ず」という辞令が出されました。異動先としてかたくるしい名称が書かれているので、〝何ごとが起こったのか〟と身がまえてしまいました。もしかして私に〝事務仕事をせよ〟ということなのかと思ったからです。

でも、行き先は「東京都葛西臨海水族園」でした。いまでこそ〝回遊するマグロ〟などで多くの人に親しまれていますが、この辞令が下ったのは1985年の春。まだなにもできておらず、これからどのような水族館にするかを計画する構想の段階でした。だから、水族館とはいえ、私が好きな「現場」があるわけではありません。構想づくりですから、デスクワークになります。

しかし、東京湾に面した70ヘクタールの葛西臨海公園に水族館をつくる計画ですから、私のトムソーヤー魂に火がついたのは確かでした。

当時、都庁があったのは有楽町のビジネス街。まちの雰囲気も、仕事のスタイルや内容も多摩の奥地とはまったくかわってしまったのですから、右も左もわかりません。一緒に働くことになった計画課の「猛者」

葛西臨海公園の入り口。海に臨む公園ということで、波をあらわすイメージ。

からはさっそくニックネームをいただきました。水族館にいたからでしょう、「オーイ金魚や」でした。一方、「のびのびやりなさいよ」とはげましてくれる親切な方にもめぐまれました。

職場環境の変化ということでは、なんといっても「仕事の規模」がガラッとかわりました。当時はバブル経済がはじまるころで、当初のちっぽけな予算が天文学的な数字にふくらんでいったのです。「金魚や」から大プロジェクトをになうリーダーになってしまいました。

水族館の構想そのものは、東京都が「マイタウン東京」という長期計画をもっていて、その主要な事業の１つである上野動物園の１００周年記念事業として計画されたものでした。その構想段階から、設計、施工、１９８９年10月の竣工、開館記念シンポジウムの開催と運営に至るまでたずさわることとなります。

ところで、構想を描くのは役所のなかではなく、もっぱら、有楽町のガード下にある飲み屋横町。そこで知ったのは、「専門家」だけでなく異分野の人と交流すること。考えもつかなかったことが、話をするなかで次つぎと生まれてくるのです。それも楽しく、気がねなく交流するからこその、人のつながりが大切なのだとさとれたことは大きな収穫でした。

これまでの形をマネするのはやめよう

さて、この葛西臨海水族園づくりがどのように進んでいったかをかいつまんでお話ししておきましょう。

最初に、どのように構想していくかという基本的な問題から検討しようということで、上野動物園内に委員会がつくられたのが１９８１年。これに、〝都庁づとめ〟の私も引きつづき加わることになります。

この委員会には、檜山義夫東大名誉教授（江戸前のハゼを守る会会長などもつとめていました）のほか、鯨類研究所や鴨川シーワールド、神戸の須磨海浜水族園の所長、古賀忠道元上野動物園長、それに当事者となる久田館長が専任されていました。私は事務局として末席で構想の展開を見守ることになります。

スタートから1年間をかけて議論がされるのですが、一番重視されたのはユニークさでした。

たとえばこんなふうです。

「ユニークさも大切だろうけど、多くのお客が来てくれないとどうしようもない。集客のことを重視しよう。たとえば、イルカショーなんかを目玉にするのがいいんじゃないか」

「それじゃ、いままでと同じじゃないか」

「しかし、イルカやアシカのショーは水族館にはつきものだし、入場者にはたいそう喜ばれているじゃないか。ユニークさもいいが、人に喜んでもらうのが一番なんだから、これまで試されてきた経験をいかした『常道』も大切だと思う。目先のかわったものを追いかけてばかりじゃ失敗するよ」

「そのような『安定志向』こそ、衰退を引き起こしてきたんじゃないか」

こうした侃々諤々の議論で白熱することもありました。

しかし、結局、〝これまでの形をマネするのはやめよう〟ということが大前提となって、次の5点が骨子として決められました。

1. 建物主体の展示にこだわらず、磯浜、干潟などの環境を造成する。
2. 楽しみながら生態系などの自然の偉大さにふれられる施設とする。
3. 東京湾の特性を最大限に活用する。
4. 21世紀への展望をもつ。
5. 東京湾、伊豆諸島、小笠原、世界の海を多彩に展示する。

この5つの方向にそって具体的な展示をどうするかを検討することになります。

この計画の、そう、あのかたくるしい「東京都建設局公園緑地部計画課」の担当係長になった私は、そうした検討のなかで出されたさまざまな展示テーマについての意見・提案をまとめるのが仕事になりました。それらは、本館内では「サメとの対話」や「伊豆七島の海」など、屋外では「サカナのマジック」や「イルカショー」など16のテーマでした。

この検討のなかでは、上野動物園１００年の歴史のなかでイルカ類の飼育経験がなかったこともあり、動物園内にイルカショープールを実現しようという強い願望がありました。また、どの計画もそうであるように、事業計画には、夢を描く段階の次には予算という現実的な制約、きびしい段階が待ち受けています。16のテーマを予算規模におさめようとすると、いずれも、

水族館のアトラクションとして人気のイルカショー。 ©663highland

ドンドン小型化というか、〝ことなかれ主義〟が強くなっていきます。

さらに、葛西臨海水族園が開館にこぎつけるまでには4年の歳月があり、そのあいだには、技術革新や社会の背景変化によって、計画時には新鮮で画期的であると信じられた企画でも、完成時に古くなっておもしろみに欠けるようになることがままありました。

そうしたことも予想して、私は実現が不可能なものは採用しませんでしたが、既存の模倣のような安全運転はさけようと考えました。しかし、イルカショー実現への強い願いをもっていた上野動物園の一員でもある私は、そのようなテーマも取り入れて、知らず知らずのうちに、総花的というか、誰からも批判されないようなものにまとめようとしていたのかもしれません。

どこが「日本一」「世界一」なのか――知事との対話

1985年の秋、私は東京都庁の知事室によばれました。当時の知事は鈴木俊一さんです。よばれたのは私1人。大きな方針や計画はすでに報告されているはずですから、イルカショーなどの計画も承知していたのでしょうが、私はそのショーなどをふくめて計画の内容を報告しようと考えていました。しかし、知事はそのような報告を聞くつもりで私をよんだのではありませんでした。私たちが積み上げてきた計画に〝待ったをかける〟ために、担当係長だった私をよんだのです。

応接セットの机を真んなかに知事と対面しました。

知事は前置き的な話はせずに、開口一番こういいました。

「新しい水族館として、どこが日本一なんだい？　どこが世界一なの？　総花的ですね」

私は言葉に窮してしまいました。前述したように、この計画にかかわった人たちのさまざまな意見を調整して、誰もが納得するものをつくりあげるのに腐心していましたから、議論がつくされた結論として自信をもって対面するつもりでした。それだけに、知事からの質問は想定外だったのです。

「再検討します」というのがやっとでした。

それにしても都知事の鶴の一声にはおどろきました。急遽、学識経験者を集め、仲間うちでやってきた計画を見直すことになりました。これは、私にとって千載一遇のチャンスでした。ひそかに描いていた理想の実現の可能性が出てきたのです。

それから3週間たって、ふたたび知事室をたずねました。

「一番」がすべて良いというわけでもないでしょうが、どこにもないユニークなものをと考え、「マグロの周遊水槽」を提案したのです。

知事はこの案を聞くと、体を乗りだすようにしてたずねます。

「マグロの大きさはどれくらいかね？」

「これくらいですかね」と、両手を少し広げて50センチメートルくらいを示す私。

「それはマグロの幅かね」と、知事。

津軽海峡の「大間のマグロ」を連想していたのかもしれませんが、そんなマグロが何匹も水槽を回遊すれば水槽がこわれるのはまちがいありません。

「そのような巨大なマグロを泳がせられれば楽しいのですが、残念ですけれども、体長です」と、答えました。

自分の予想とは少しちがったのでしょうが、知事は笑って、ことのほかご機嫌でした。

それにしても、未来の予測はむずかしいだけに不安はつきものです。けれども、新しい展示にはリスクを背負ったチャレンジしかありません。しかも、構想時に安定志向にかたよると、通常7、8年後になる完成時には陳腐化している場合が多いのです。上機嫌の都知事のようすにはげまされて、担当の私は、夢が急にふくらんだ思いでした。「南極にも行くぞ」という私の勢いに、予算の担当者は言葉を失っていました。

水族館計画と「三種の神器」への疑問

葛西臨海水族園を計画しはじめたころは、折しもオーストラリアの愛護団体が、〝イルカショーの施設は動物愛護に反する〟という運動をくりひろげた時期でした。知事からの再検討要請だけでなく、計画そのものを見直す社会的背景があったのです。

今日でもそうですが、当時も水族館のアトラクションは、イルカショー、ラッコ展示、女性ダイバーによるえづけショーが人気でした。これらは水族館の「三種の神器」とよばれ、水族館づくりでは定番のものでした。

どれも非常に人気のある、試されずみの展示でしたから、私たちの水族園計画でも「三種の神器」なしでは経営がむずかしいという一般論が多数を占めていました。

しかし、視点をかえれば、どの水族館も「三種の神器」ばかりでは、人びとはどこの水族館に行っても、金太郎飴の出しものに出くわすことになります。これでは魅力はなくなっていきます。この見方をやめなければいけないのではないか。その疑問が私のなかで大きくなってきました。

第2節 冒険をしなければ、新しいものは生み出せない
「安全な計画」を主張する慎重論者との攻防

とはいえ、「三種の神器」という「安全な計画」でうまくいっていた経験があるだけに、慎重論をつきくずすことは容易ではありません。

「若い人はすぐ新しいことに飛びつきたがる。世のなかはそんなに〝甘いもの〟じゃないんだ。僕たちもいろいろ試してきた結果をふまえて、イルカショーなどをあみだしてきたんだ」

「みなさんのご苦労はわかります。でも、その方法はすでに多くの水族館でおこなわれ、〝どこに行っても同じで見あきた〟という声も多くなっているのではないでしょうか？」

「そんなことをいったって、簡単に魅力的な新しいものが見つかるわけがない。『三種の神器』以上のものが見つからなかったから、いまのこの議論になっているんじゃないか！」

そうしたきびしい叱責を受け、議論はどうどうめぐり。結論が出ないまま検討会議は暗礁に乗り上げてしまいました。

このままでは前に進めません。ついに検討委員メンバーを新たに選任しなおそうとなって、新しい検討委員会が立ち上がりました。新委員会では、より柔軟な発想が出るようにと懇談会と名を変え、これまでの経過をふまえて、〝もっと新機軸にチャレンジすべし〟との意見集約がなされることになりました。

チャレンジ、チャレンジと気持ちをふるいたたせても、そこで出されるテーマは、独自の技術開発なしには実現しそうもないものばかりが多く残されました。しかし、新しいものを見出そうという気持ちは、どんなことでも一途に思いをこめてやれば実現するという〝一念岩をも通す〟のことわざどおりでした。

じょじょに議論はまとまり、多くの民間水族館が売りにしているイルカショーのプールは、大型のマグロ水槽へ変更。ラッコ展示は、ラッコそのものが手に入りにくくなったということもありま

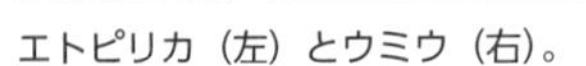
エトピリカ（左）とウミウ（右）。

すが、エトピリカやウミウなどの水にもぐってサカナをとる海鳥展示に拡張することで解決しました。黒潮をこえて小笠原までに限定していた海域は、世界を股にかける「7つの海」をテーマにすることになりました。

これによって、どの展示も、ほかの水族館がおこなっていることを大きく打ちやぶる挑戦的なものになりました。これには、「公共の施設は民間の事業を圧迫するようなことはすべきでない」、つまり民間のマネをするなという、当時の都知事の英断があったものと推測しています。

前例のないテーマに挑戦すべしという懇談会のおすすめつきもいただき、臨海水族園計画は、次世代水族館としての新しい展示の実験の場となっていったのです。

飼育展示経験のないものをめざそう！

では、従来のものにないものとは何なのか？ それを展示というものに即して考えてみることにしました。すると、目標が次の4点になってあぶりだされてきました。

1 世界最大級の大型水槽で、マグロなどの大形回遊魚のダイナミックな群泳を、水中からながめているかのような臨場感あふれた展示をおこなう。

2　海藻類をふくめ、生態的テーマを展示の主体とし、施設全体として「海の生態系モデル」をつくりだすことを目標とする。

3　世界の海から東京の海まで、広く興味深い種や美しい種を収集し、多様な水生生物の展示によって、海の生命の豊かさ多様さが理解される場とする。

4　造波（水面に波をつくること）、実験展示や体験展示、映像など多彩な手法を使い、生物の動き、生命の神秘性など興味つきぬ展示をおこなう。

この4つの目標のもとに、従来にないものをめざそうということですから、当然、飼育展示の経験のないもの、あるいは研究途上にあるものばかりがテーマに残ることになります。それが、次の①から⑨までの9つの展示です。

テーマ①「大洋の航海者」。「航海者」とは、マグロ類や外洋性サメ類のこと。これらの展示。

テーマ②「7つの海から」。南氷洋（南極海）、北氷洋（北極海）、南太平洋、北太平洋、南大西洋、北大西洋、インド洋の七大洋の生物の展示。

テーマ③「深海魚」。これもまた未知の世界の生き物たちだから魅力的。

テーマ④「渚の生物」。私たちには身近な生き物に焦点をあわせると、思わぬ発見がある。

テーマ⑤「海藻の林」。サカナたちの〝いのちのゆりカゴ〟ともいわれる神秘の世界。

テーマ⑥「東京の海」。東京にある水族館だから、これははずせない。しかも、大都会の海ということになるので、その面からもおもしろさが出てくる。
テーマ⑦「海鳥の生態」。海鳥も種類が豊富。その代表的な種類を集めるだけでも圧巻。
テーマ⑧「ペンギンの生態」。ペンギンは人気者。多くの人に知られているが、自然のなかでは群れをつくって泳いでいる。それを再現。
テーマ⑨「水辺の自然」。人とのかかわりでは、「テーマ④」の渚も深いかかわりをもつが、淡水魚の視点では小川や湖・池は欠かせない。重要なテーマと位置づけた。

これらの9つのテーマを分類すると、2つの大きなグループにわかれます。1つは屋内展示（テーマ①〜⑦）、もう1つが屋外展示（テーマ⑧⑨）です。葛西臨海水族園の展示エリアには、屋内に総数47の水槽展示、屋外にペンギンプールと園地が配置されることになりました。

それぞれのテーマを課題にし、具体化していくなかで、私を大きく動かしていたのは、なかでも次の2つです。これが、ほかのテーマをやりきる上でも大きな起爆力・エンジンになったと思います。

1つ目は、やはり「マグロ」。この展示はどこの水族館も成功していません。それだけに、上野水族館での「人食いザメ」展示の経験（↓58ページ）が、私を突きうごかしていたと思います。

２つ目は、「７つの海」。これを実現しようとすると、世界に出かけていかなければなりませんが、アラブで2年過ごしたことで、世界を飛びまわることへの「抵抗」はなくなり、ものの見方も広くしたと感じています。

しかし、すべてのテーマには難問があった

展示テーマが決まったのはいいものの、実はすべてに難問が待ちかまえていました。列記しましょう。

第１のテーマ／採集そのものが大変な上、それを生きたまま輸送し、これまでに試みられたことのない飼育の実験が必要です。

第2のテーマ／「７つの海」という言葉にはロマンがありますが、世界中ということになり、寒暖差という気象的きびしさもあります。その「７つの海」に自ら出向いて採集するのです。しかも、ほしい生き物、希望する生き物がいっぺんに同じ場所でとれるわけがありません。何種類かの生き物を元気なままで一時的に保管し、効率的に運んでこなければなりませんから、収集拠点をつくらねばなりません。

第３のテーマ／飼育困難な深海魚の展示に挑戦するためには、フィールド調査を強化し、深海を再現するための圧力容器も設置しなければならないというむずかしさがあります。

第４のテーマ／岩礁帯の断面を見ていただくために人工的につくった磯をつくりましたが、リアルにするには波もつくる必要があります。また、波をつくればつくったで、人工磯などの施設が波でこわれることをふせがねばなりません。それらを守るために波の衝撃をなくす必要も出てきます。これには、干潮・満潮をつくりだすための循環系の研究も必要でした。

第５のテーマ／波にゆれる自然のままのアラメ、カジメのような海藻を観察してもらうために流動装置の開発が急がれました。

第６のテーマ／東京湾から伊豆七島、小笠原の水槽展示には、代表種の選定とフィールド調査をおこなうことになります。日本国内でのことであっても、身近であればあるほど、緻密な調査が求められます。

第７のテーマ／エトピリカやウミガラスなど種類の豊富な海鳥を展示するためには、海外からの収集ルートづくりが必要になります。

第８のテーマ／規模が増大して４００トンになったペンギン群泳の屋外プールには、軟弱地盤対策が欠かせなくなりました。

第9のテーマ／園地に小川のビオトープ（生命の盃――生き物がくらす場所）を造成し、その流路に渓流と池沼の断面展示を配置するこのテーマは、日本庭園の手法による課題がありました。

いずれも容易ではないものばかりです。これらをどう解決していくかが、待ったなしの課題となりました。その解決策のすべてをお話しできれば良いのですが、この本は若いみなさんにどんな夢をもって、トムソーヤーのように生きてほしいかを「水族館づくり」に即してお伝えすることが目的です。専門的にならず、みなさんが楽しく読めるようにお話を選んで語っていこうと思います。

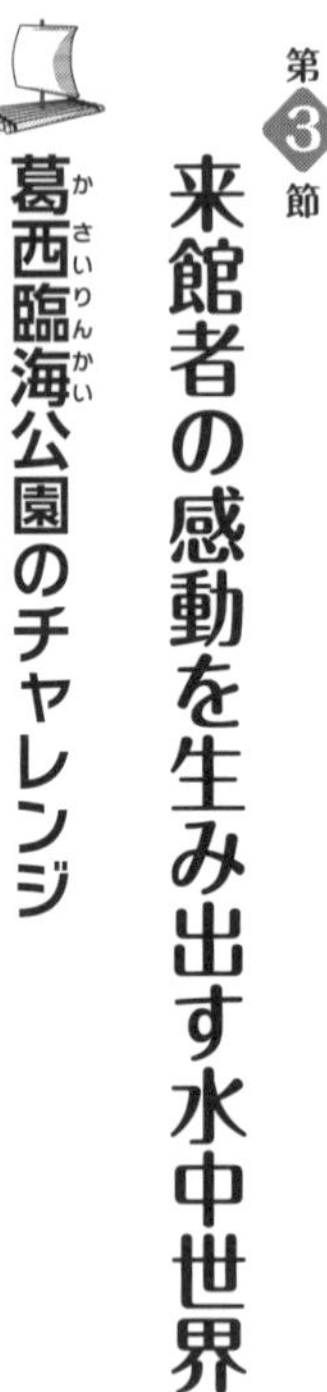

第3節 来館者の感動を生み出す水中世界

葛西臨海公園のチャレンジ

葛西臨海公園は、文字通り、東京都の臨海域にわずかに残された自然海岸に計画されました。所管する都の公園部隊と港湾部隊の協働でした。荒川と江戸川にはさまれた県境の大湿地帯は、漁師町を舞台にした山本周五郎の小説「青べか物語」の世界でした。地盤沈下で水没した民有地を区画整理事業で埋めたてて陸地にした70ヘクタールの土地に、東京都が葛西臨海公園をつくったのです。隣接して２つの人工渚も出現しました。その中央部の８ヘクタールが新水族館の敷地。公園の海側は高さ8メートルの防潮堤の外側になり、水族園の敷地は高潮を自己防衛することを覚悟したエリアでした。

　この土地は、建築設計の「困難地」でした。軟弱地盤に対応して、設計者は直径１００メートルのオボンのような円形の２階建ての水族館を設計しました。まるで海にういているようです。地下は貯水槽になっていて、高潮対策が必要でした。60メートルの杭基礎１００数十本あまりが建物をささえています。屋上の東京湾を望む半円は池になっており、東京湾と重なって見えます。８ヘクタールの敷地のなかの、直径１００メートルの２層の円盤の建物で、展示計画を展開することになりました。

　葛西臨海公園駅からのアプローチは東京湾に向かって一直線、正面にはガラスの展望室があります。水族園の入り口は左手、１００メートルあまりの滝のフェンス沿いに歩くと水族館のゲート、正面に１００メートルの円盤の屋上の中央のガラスのドームが現れ、人びとを海底世界にむかえます。

　ドームでは、来園者は正面の外洋性のサメ水槽をながめ、マグロが泳ぐ深い水柱水槽をながめつつ「7つの海」に向かいます。このエリアは、7つ海のコレクションにあわせて水槽の大きさやデザインが考えられています。南極展示で7つの海をあとにすると、マグロ水槽のなかの回遊部分のアクアシアターの空間にみちびかれ、ここのベンチでマグロと共存します。人の出入り部分が浅い水路になっています。この両側の水路は浅く奥行きもややせまいので、マグロによっては、成長しすぎて通行不能になることもあります。この構造的な問題は、開館後30年を経ても解決できていません。水槽リングのもっとも広い

ゆうゆうと泳ぐマグロをながめることができる「アクアシアター」。 ©Hal 0005

部分が大マグロの館ですが、いまだマグロにとっても飼育係にとっても水槽を使いきれていない状態です。水槽の天井は採光のガラスの明かりとりになっていましたが、開かれたことはありません。アクアマリンふくしまの「潮目の海」大水槽はガラスごしに自然の天候にさらされていますが、マグロは学習しているようです。飼育環境にマグロのほうを適応させることが大切でしょう。

アクアシアターをあとにして、円盤の外に向かいます。ここは造波装置のある巨大タッチプール。通過すると海に面した円盤の縁の外構域にでます。ここでは2層のペンギンプールと干潟の景観が広がります。再度円盤のエリアに入ると、波にゆれる海藻の展示、続いて、やや汽車窓式ですが東京湾、伊豆七島から小笠原海域のコレクションがならびます。水槽のサイズは多様で、いわゆる汽車の窓を意識して、水槽内のデザイン模型で検討しています。このエリアでは、水槽の上から観察するルートがあります。このエリアは幅も広く、企画展示場や、常設のクラゲの生活史展示などが受けつがれています。次のエリアは海鳥展示です。このエリアを過ぎるとアラブのダウ船の帆をたてたテントデッキがあり、レストランに面しています。イベント広場でもあります。ここにアラビア湾の世界が広がるのは、建築家とのあいだに暗黙の了解があったのでしょうか。

さて、水族園の名前のように、帰路は小川に沿って、淡水の「水辺の自然」の半地下の

「池沼」と「渓流」を楽しめます。所管の公園緑地部の造園部隊との協働がありました。園地には日本庭園の造形が鑑賞できます。

この水族園の沖は、2つの河川が運ぶ淡水と沖から入る海水とがまざる半海水ですから、直接取水はできません。海水は東京湾の外航船からトラック輸送しなければなりません。東京港に外航船が着くと、バラストタンクの海水をトラックでピストン輸送します。円盤の地下に巨大な海水の貯水槽が必要だったのは、そうした理由です。

余談ですが、魚類採集の旅をかねて、世界各地の水族館の水槽デザインを見る機会があります。世界のほとんどの水族館の水槽の配置は、多様な種をたくさん見せるために「汽車窓式」です。多様な種をせまい空間で見せるためにはどうしても「汽車窓式」水槽になるのですが、汽車の窓は誰にでも旅を想い起こさせてくれます。旅行をしているような気分になりますし、それに汽車窓にはめずらしいお客さんがたくさんいます。また見せ方もいろいろバラエティーに富ませることができます。

おもしろかったのは、フランスにあるオセアリウム水族館で、家族経営で水族館を維持していました。なにがおもしろいかというと、タコ壺がたくさん入った水槽。タコは喧嘩をするので単独飼育にしたというのです。たくさんのタコ壺で同居させると喧嘩どころではなくなるのでしょう。

汽車窓式の小型水槽。小形の生物は、小型水槽に分けて展示。上はアクアマリンふくしまの「親潮アイスボックス」、下は稲苗代町から受託しているアクアマリンふくしまのカワセミ水族館の「アクアボックス」。水生昆虫などを展示しています。

観客が見やすい展示スペース「劇場型」でのサカナや動物の安定飼育

ところで、動物園や水族館には、獣医師にも治せない「退屈病」という「病」があります。みなさんも単調なことばかりしていて、「退屈」になったことはありませんか？　そう、その「退屈」がさらに高じると、「病」になって死んでしまうこともあるのです。

これをやわらげる方法に、「環境エンリッチメント」があります。なんだかむずかしい言葉ですが、文字通りに訳せば「環境を豊かにすること」。辞書で引いてみると、「動物の行動に選択を与え、種にふさわしい行動と能力を引き出し、動物の福祉を向上させるような方法で、動物の環境をつくりだすこと」と書かれています。簡単にいえば、〝できるだけ自由を与えて、動物をリラックスさせよう〟ということです。

これを実現しようとすると、展示環境を動物の立場で改善し、飼育係と動物の絆を強くする必要があります。これに成功すれば、見る側にとっても、動物にとってもこのましい環境となります。

水生生物と陸上動物の飼育環境は、水中と陸上の違いはあるものの、いつも「環境エンリッチメント」を意識しないといけません。いくぶん狭くとも、サカナや飼育展示動物が退屈せずに自然な行動ができるような環境でなければならないからです。一方、海や川の生物や、野山の獣（けもの）や鳥類は狩猟（しゅりょう）や漁業の対象ですから、トムソーヤーの狩猟や釣（つ）りの本性（ほんしょう）も大切にしなければなりません。

林寿郎（はやしじゅろう）上野（うえの）動物園園長の強い願いでもあった「環境エンリッチメント」を考えてのアフリカゾウ舎（しゃ）。

ですから、飼育動物の習性に配慮し、複雑な要素を盛り込んだ水槽や動物舎のデザインが必要になるのです。

では、どうすれば良いのか？　一言でいえば、「劇場型の欠点をおぎなう」こと。具体的にいうと、障害物をぬってエンドレスに巡回できる空間を確保し、観覧者はのぞき窓から見るというより、サカナから見られている感じに立場を逆転させるのです。サファリ・パーク的な発想です。

また、飼育係は、エサをかくして、動物にさがす楽しみを与えたり、たまには生きたエサを追いかけさせたり、ほかの動物のにおいをつけたりします。環境を整えて、あまり干渉しない接し方が理想となります。

トレーニングも先にお話しした「エンリッチメント」の一形態です。おとなしく体重測定、注射に応じさせるのも、訓練＝トレーニングによってのみ可能になるのです。

動物園や水族館におけるショーは、擬人化した動物芸ではなく、環境を豊かにして自然な行動ができるようにするほうが望ましいに決まっています。それによって引き出された行動は、動物芸よりはるかにおもしろいはず。北海道の旭川市にある旭山動物園や、近年の世界の多くの動物園・水族館のめざす方向は、それでした。

サカナが喜ぶ水づくり

水族館の飼育環境の基本は、飼育に使う水の管理につきます。陸で生きる動物には空気が大切なように、サカナたちには水が大切。水族館の仕組みは、飼育水の浄化設備そのものといっても良いでしょう。

かといって、水族館の設備には特別なハイテク技術が導入されているわけではありません。家庭での熱帯魚飼育水槽の設備とそうかわらないのです。どういうことかというと、水族館の仕組みも、濾過循環設備を使って、サカナのウンチなどのアンモニアをとりのぞいて、すみやすい水質で満たされた水槽にし、それを安定的に維持する技術なので、みなさんのお家にある水槽の濾過装置の仕組みとまったく同じ。どちらの場合も、水質浄化についての正しい知識をもつことが大切なことはいうまでもありません。

循環ポンプやエアポンプのなかった時代には、淡水生物の飼育は、適量の生物と、光と水草の微妙なバランスをとることが飼育のコツでした。そして、どれだけの大きさの水槽には、どれだけの数のサカナが飼えるかも重要なポイントでした。これは、循環ポンプなどが発達したいまにも通じることです。たとえば、間口45センチメートル、奥行き、高さ30センチメートルの水槽に、5センチメートルの金魚は何匹飼うことができるのかということになります。答えは5尾(び)です。

これをみちびきだしているが、長年の観察と研究からハッキリしてきた「調和水槽の法則(ほうそく)」というもの。これには、2つの基準(きじゅん)があります。

まず1つは「インチ・ガロンの法則」という、ちょっとむずかしそうに聞こえるもの。しかし、中身は〝1インチ(2・5センチメートル)のサカナには1ガロン(約4リットル)の水が必要〟という、わかりやすい基準です。

もう1つは、「インチ・125平方センチメートルの法則」。これも1番目のものと同じようにむずかしいものではありません。〝1インチのサカナには、125平方センチメートルの水面が必要だ〟というものです。

〝生き物は窮屈(きゅうくつ)なところで育ててはいけません。のびのびとゆったりした空間が必要なんですよ。最低限(さいていげん)必要な水と広さはこれだけですよ〟というお話です。いずれの場合も、水量や面積だけでなく水草などが必要なことは当然ですが、水についてみちびきだされた適量値(てきりょうち)です。技術革新(かくしん)の今日では、サカナがすむ環境を良くする工夫がいくつも生まれていますが、この「調和水槽の法則」は、水生生物を飼育する場合には、いつも頭の片隅(かたすみ)でおぼえておく必要があるものです。

魚の顔色をうかがいながらの水温管理

水にかかわることでさらに重要なのは、水温です。魚類は外部の温度によって体温がかわる変温動物ですから、一般的には安定した水温に適応しています。ただ、サカナをふくめ動物には、種によって多様な体温調整をおこなっていることが発見され、変温動物とか恒温動物とかにわけるのは適当ではないようです。

とはいっても、安定した水温に適していることにかわりはありませんから、水温の急変は、とくに海水魚では致命的となる場合があります。「地球温暖化」の影響で1～2℃水温が変化するだけで、これまでとれていた漁場にサカナがいなくなったというニュースをみなさんも聞きますよね。そこからもわかるように、水温というのはサカナに大きな影響を与えるのです。

さらに水温がサカナに与えている影響ということでは、魚類によって適応性がことなっていることにも注意しましょう。一般的に特徴づけると、熱帯にすむサカナや、反対に寒帯・山間の渓流など低温のところにすむサカナは、それぞれが好む温度の幅はせまいのです（狭温性といいます）。すむことができる温度の幅が広い（広温性といいます）のは、温帯のサカナなのですね。つまり、広温性のサカナは低温にも高温にもよく適応できますが、狭温性のサカナには限界があるということです。

これを水槽での飼育にあてはめると、水温設定は、冷水性魚類では12℃前後、温帯性魚類では20℃前後、熱帯性魚類では25℃前後の一定水温にしています。

でも、そのような温度帯ばかりではありません。生物はおどろくほどの順応性や適応力をそなえているのです。極地の生物は０℃台、深海性の魚類や無せきつい動物の飼育には５℃前後、海藻類は10℃前後の低温でも生きていけます。生き物は多種多様でそれぞれにあった状況を見つけだして、対応しなければいけないため、じっくりと観察することが大事だということが、これらのことからもわかります。

水の管理のむずかしさ――展示テーマに合わせた水環境管理

ところで、いま説明した水族館での水質・水温管理の方法で数多くおこなわれているのは、閉鎖循環式というものです。海や川の水を常時取り入れて管理するのでなく、かぎられた一定の水を濾過循環させて管理します。この方式では、通常、寒帯・熱帯などの系統ごとに適水温を前述のように設定して、年間を通してほぼ一定の温度にします。このような方法を「恒温飼育」といいます。温度変化の少ない寒帯、熱帯、深海の生き物には、一番向いている方法です。

　一方、温帯にすむ多くの生き物の場合は、そのように必ず一定の湿度にしなければいけないわけではありません。生きていく上では温度の幅は広くても良いのです。しかし、さまざまな種類にあわせて温度を設定するのは作業を複雑にするだけです。そういう便宜上の意味あいだけで、20℃前後に一定させる「恒温飼育」をしています。

　ただ、この「恒温飼育」で気をつける必要があるのは、病原菌。病原菌は一定水温では活発に活動するものが多く、慢性的にサカナたちを発病させる可能性があるからです。

　1つのやり方が効率的で役立つものだ

アクアマリンふくしまの金魚水槽。金魚類は水温変化に強いものが多いのですよ。

としても、別の面では困ったりすることにもなるという好例だといえるでしょう。

同じようなことはほかにもあります。先ほど水をきれいにする濾過循環の話をしましたが、この循環方式には、水族館では2つの方法が用いられています。単独循環と複数の水槽を1系統で循環する総合循環がそれです。総合循環のほうが経費の面では効率的なのですが、水槽別の温度や水質管理という点では、サカナの種類にあわせて個別に対応できる単独循環のほうが利点は多いのですね。

このように経費や個別性などの利点をもつ2つの循環方式を組み合わせて使用するのですが、いずれにしても濾材を使った濾過方式が採用されています。代表的なものは、濾材に砂を用いた急速濾過。この急速というのは、水の供給速度は遅くなるけれども、砂や薬品なども使わない緩速濾過に比較していうのですが、急速濾過の循環回数は、水槽の水の均質化をはかる目的もあって、通常、毎時1回に設定しています。水槽水量と同量の水が、1時間に1回濾過槽を通過するということです。

対して緩速濾過はバクテリアを使用します。良く管理されたものは、水質を良くし、細菌の90%以上をとりのぞくことができます。ただ、砂を用いた急速濾過にくらべると時間がかかってしまうので、比較的小さな水槽の水質管理に適しているといえます。

このように、サカナがふつうに泳ぐ姿を楽しんでもらえるようにしていますが、この「ふつうの姿」を、いつもかわりなく来館する人たちに見てもらうためには、こうしたさまざまな問題を乗りこえなければならないのです。

新しさが際立つ水族館にむけて

さらに来館者に楽しんでもらうためには何が必要なのか、私たちは考えました。その指針としたのが、私たち葛西臨海水族園がかかげた次の理念です。

「地球の70％は海洋です。この海洋の自然の保護の大切さは、人間の生存と深いかかわりがあります。水族園は、世界の海の生物を広く集め、海の自然の豊かさ、美しさ、とうとさを、楽しみながら学ぶ《人との交流の場》です」

「楽しみながら学ぶ《人との交流の場》」にしようということですから、展示デザインには斬新さが求められます。当時の日本の水族館は、〝サカナをならべているだけ〟と評価されるようなレベルでしたから、まずは欧米に学んで、その水準をめざすことにしました。取り組んだのは、展示室の照明や、ＢＧＭ、水槽の彩色、疑似自然などで、解説の仕方をふくめて、すべての展示の調和を保つために、インテリアデザイナーの力も得るようにしました。

さらに、来館者が退屈にならないようにに動きのある展示にしようと、マグロ類の回遊にはじまり、シュモクザメの群れのほか、ペンギンの群れなども、展示のテーマの1つと位置づけました。とくに魚種がふつう種になる東京の海、渚の生物などの展示でも、群れをつくる種類を選ぶことにしました。

　こうすることによって、水族館という限定された場所でも、自然と区別できないほど活き活きと活動するさまを展示することを目標としたのです。この目標を実現するために、波、干満などの水の流れ、自然光、岩や植物、適水温、水の浄化などに力を入れました。

葛西臨海水族園のペンギン展示。国内最大級で、岩場を歩く姿も見られます。

第4節

「7つの海」のサカナたちを求めて

「7つの海」とは

みなさんは、「7つの海」という言葉を聞いたことがありますか？　初めて聞くという人も、この言葉から広びろとしたイメージやロマン、あるいは「夢」という感情がよびおこされるのではないでしょうか。

それもそのはずで、〝世界はどこまで広いのだろう？〟と海原へ船をこぎだした人たちが、「全世界の海」という意味をこめて「7つの海」と表現しだしたのですから。だから、地域や時代によって「7つ」が具体的にどこをさすのかはちがっています。

15世紀の大航海時代より前の中世のヨーロッパ人たちは、地中海を中心にして、①地中海、②

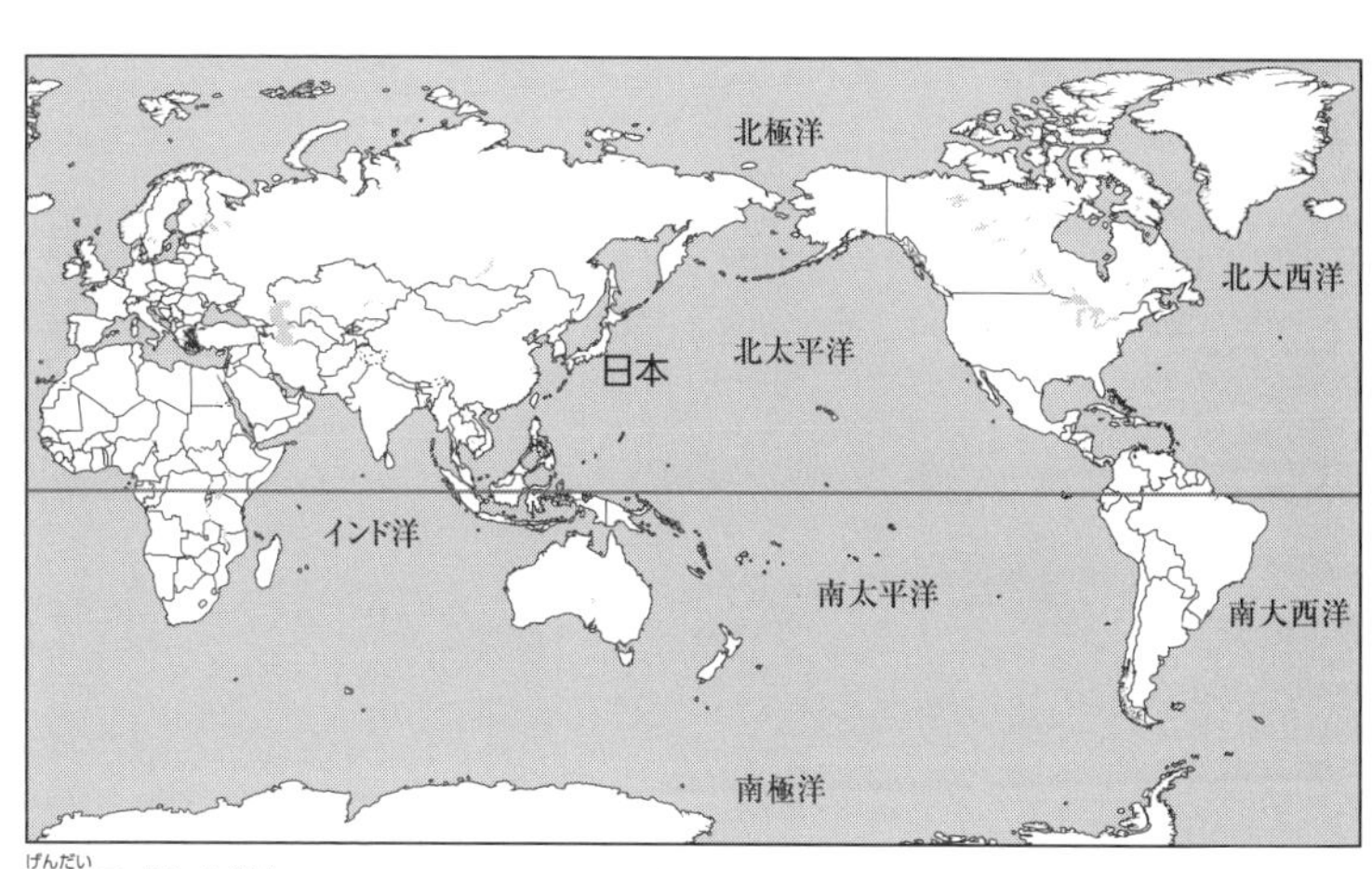

現代の「七大洋」。

大西洋、③黒海、④カスピ海、⑤紅海、⑥ペルシア湾、⑦インド洋を、そうよびました。ほかにもちがう「7つの海」とよばれるものがありますが、現代では①北太平洋、②南太平洋、③北大西洋、④南大西洋、⑤インド洋、⑥北極洋、⑦南極洋の7つが「七大洋」と数えられています。

この7つの海域には、それぞれ海域に適応した特徴的なサカナがいます。多様なサカナが多いのは熱帯の海。赤道をはさんだ東部太平洋、カリブ海、西アフリカ、インド西部太平洋には、とくに多くの種類があふれています。

この「7つの海」を採集目標の地域にして、それぞれの海でおおよその種類を選定。この選定が終われば、次はどのように採集してくるかに問題が移ることになります。私のフィッシュストーリー＝「魚物語」の幕開けです。

はじまった「私のフィッシュストーリー」

もともとの葛西臨海水族園のメインテーマの1つである「7つの海」計画は、手がたい現実路線でした。〝無理はしない〟が基本で、この計画にたずさわった慎重論者は、「展示テーマの範囲は小笠原諸島まででよいではないか」と主張したのです。日本列島にそって太平洋側を流れる黒潮はこえるけれども、その先は東京都下の小笠原の海まで。そこまでが守備範囲だとされ、「7つの海」に拡大するのは将来のこととする安全な計画でした。

しかし、「黒潮をこえて」では話が小さくてロマンを感じさせません。なによりも大切なことは、来観者にわかりやすいメッセージを発信することです。そのためには、看板として目標にかかげた「7つの海」からくまなく固有の海水魚を採集することははずせません。これにとりかかろうと、私は主張したのです。

この主張をささえたのは、熱砂のアラビア湾での「私のマクトーブ経験」（→80ページ）でした。この経験から、海外採集と空路輸送は不可能なことではないと確信していました。

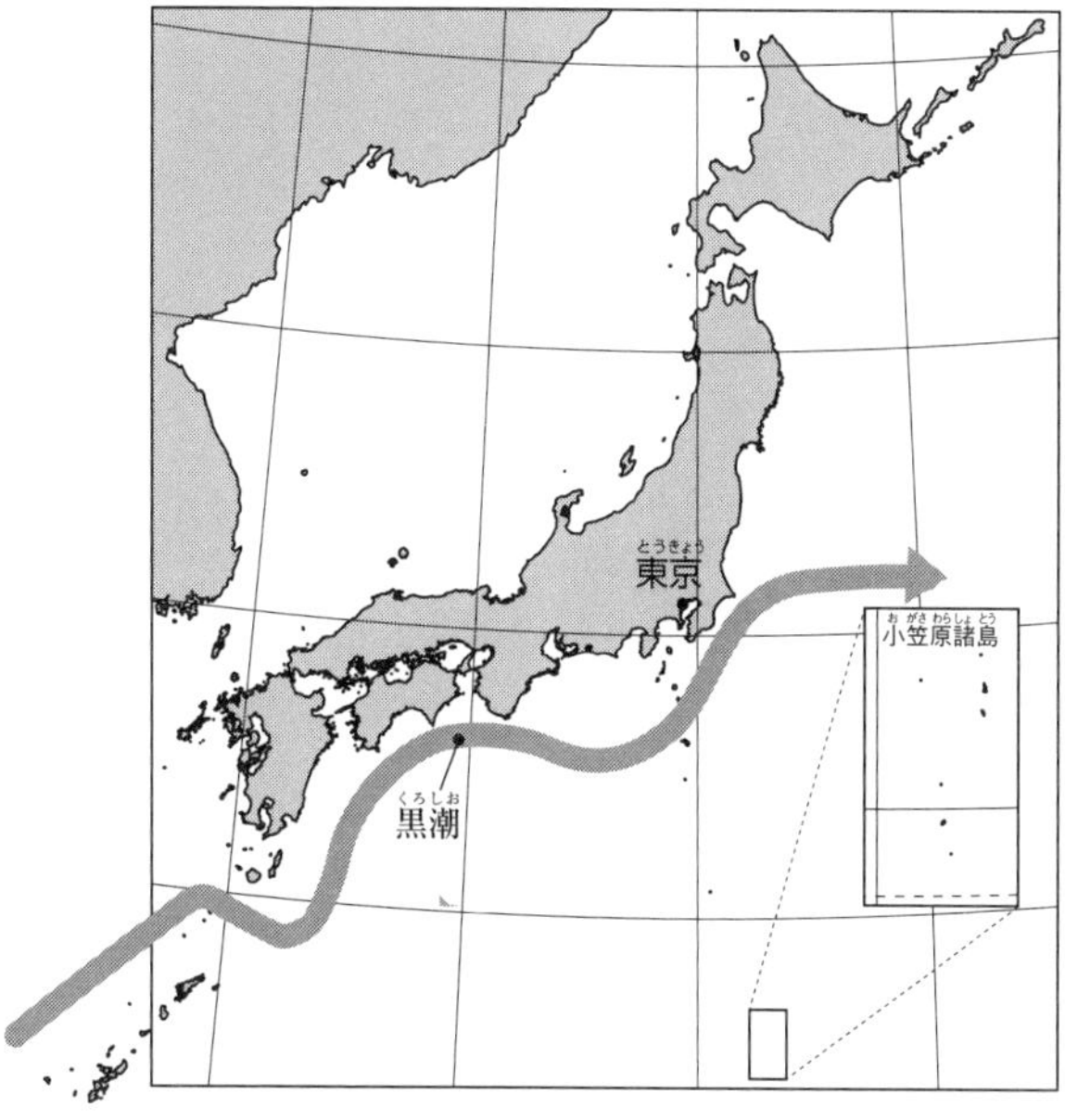

黒潮と小笠原諸島の位置。

さあ、ここからです。東京都庁の建設局の担当係長であり、部下もいない私の魚物語＝フィッシュストーリーがはじまります。何ごとにも無駄はないのです。いろいろなことを経験してきたことが、その支えになりました。

さて、どの海域に行くにも拠点が必要です。この拠点づくりは冒険をともないます。最初に取り組んだのが、それぞれの分布域の水族館や大手漁業会社の基地分布を調査することでした。もっとも広域の遠洋漁業基地をもっていたのは、日本では大洋漁業と日魯漁業。東京水産大学の先輩後輩を中心に、人づてに協力を依頼しました。

そのようなネットワークを活用するにしても、各国の水産や研究機関との文書処理が必要でした。しかし、今回はその許可回答を待っている時間がありません。許可のないまま出発して、当時開発されたばかりのプリンターつきのワープロを持参して依頼文などを機上で打ちながらのあわただしい旅になりました。

とはいっても、「7つの海」を制覇した水族園の展示は、世界の水族館がなしえていなかったことです。計画時には荒唐無稽と思われ無鉄砲に見えても、実現できれば、世界の海から独自に採集してくる展示種はバラエティーに富み、南極から北極まで世界の主要海域を網羅することになります。胸がわくわくする旅立ちでもありました。

私が先乗り部隊となって開発したところは、世界の僻地ばかりでしたが、30拠点あまりになります。その拠点となったところを私たちが出かけていった順番に紹介しましょう。

なお、ここでは「7つの海」の1つである「北極海」についてはバンクーバー水族館が北極の展示をおこなっており、北極圏の町・レゾリュート（カナダのヌナブト準州にあります。準州とは連邦国家を構成する州ですが、州よりも自治権が弱いためこうよばれます）で生物を採集するのに便乗して葛西も調査係を送りこんでいました。葛西部隊の最初のレゾリュート採集は、1991年8月です。その後、フィリップ・ブリュエッカー氏とともにレゾリュートでの採集を継続していました。また、レゾリュートに隣の準州のノースウエストの研究所があり、そこにある水槽やダイビング用のコンプレッサーなどを使わせてもらい採集をおこなっていましたが、研究所が閉鎖されたため、自前でコンプレッサーをもちこんだり、屋外に大型クーラーを置いて、そこで生物の畜養をするなど、北極採集は継続しました。

南オーストラリア（インド洋）——珍魚シードラゴンを求めて

ここには「泳ぐ海藻」ともよばれる2種類のシードラゴンがすんでいます。リーフィーシードラゴンとウィーディーシードラゴンがそれ。シードラゴンはタツノオトシゴの仲間ですが、それにリーフィー＝「葉っぱのような」と、ウィーディー＝「葉がしげった」という形容詞がつく大形のタツノオトシゴのことです。日本の古典的な魚類学書には、絵入りで「ぼろうお」という和名が与えられているのですよ。いまはこのような海外の動植物名はカタカナで表記されることが主流ですが、カタカナ名をひらがなにするすぐれた命名術だと思います。

　このシードラゴンは、採集リストに最重要という二重丸がつく「７つの海」の制覇に欠くことのできない珍魚です。１９８８年に私たち「７つの海採集隊」は意気たかく出かけました。

　珍魚の宝庫＝オーストラリアでの採集は「冒険度」の高い旅でした。想像をこえる広大な地域ですから、めざす目的地へ到達するまでに困難がともなうのです。

　オーストラリアは南北３７００キロメートル、東西４０００キロメートル、面積７６９万平方キロメートルで、面積は日本の約20倍もあります。最近の調査（２０１８年）では人口は約２４９９万人。南極大陸やマダガスカル島とともに、一塊のゴンドワナ大陸から早く孤立したため、特異な動植物相を進化させました。

　めざすシードラゴンは、西オーストラリアの州都パースから南東に約１０００キロメートル、オーストラリア大陸南岸、エスペランス一帯の海にすんでいます。この海域は南極からのうねりがうちよせるために、深層から表層にわきあがるように流れる低温の湧昇流によって隔絶されています。このため、海がつながっているにもかかわらず固有の魚種が多く生息します。その1つがシードラゴンなのです。

西オーストラリアは西ヨーロッパとほぼ同面積の235万平方キロメートル、人口256万人（18年）、しかも人口の4分の3は州都パースに集中しています。空港に降り立つと、私が出かけた年（1988年）に開設されたばかりのパース新水族館の飼育課長、ブルースマカイさんが出むかえてくれました。

「採集地は？」とたずねると、「すぐ目と鼻の先のエスペランスというところだよ」との返事。

〝目と鼻の先〟といえば、すぐ近くということですから、私た

リーフィーシードラゴン（上）とウィーディーシードラゴン（下）。

ちの感覚では遠くてもせいぜい1キロメートルほどです。ところが、オーストラリア人の〝すぐそこ〟は、1000キロメートル！　それほど遠くはなれていました。

エスペランスに向かったのは、飼育課長と、彼の同僚でアワビ採集ダイバー出身のブライアン・スタッグさんを加えて、総勢5人、2台の車をつらねて早朝出発、1000キロメートル、10時間の連続運転でした。

そこは「原始の海」とよばれています。砂浜は一面のアマモ帯、それが岩礁帯の海藻のジャングルにつらなり、透明度が良いため水深30メートルくらいまで海藻がおいしげっているのがわかります。この海で海藻に擬態した前述の2種のシードラゴンが進化しました。

このシードラゴン、採集するには注意が必要です。何かというと、シードラゴンは水深30メートルでくらしているため、急に引き上げると、うき袋が破裂してしまうのです。そこで、一段階置くことにしました。5～6メートルのところに一晩とめて、翌日引き上げるという方法です。これで元気なシードラゴンを日本にもちかえることができました。

ところで、異国の海の採集には、地元の海の水族館の協力が欠かせません。また、体力も消耗するので、海の幸の栄養補給も大切です。海藻があればそれをエサにするアワビも生活しています。オーストラリア南岸はアワビの宝庫でもあり専業漁師もいました。

しかし、漁獲のサイズの規制がきびしく25センチメートルほどの黄色いリングを通る小さい（日本の常識ではそれでも大きいですが）アワビは捕獲が禁じられていました。その25センチメートル以上の大アワビが夕食の材料になることがありました。

ところが、案内をしてくれたブルースさんもブライアンさんも、「焼いたアワビの肉はかたい」と敬遠するのです。「ノー、ノー」でした。

そこで、私の出番。大アワビを持参の日本酒で酒むしにすると、身の厚いアワビがやわらかくなりました。2人は「これは、うまい、うまい」と、打ってかわったように食べつくし、大好評でした。海産物の食べ方においては、日本人のほうがはるかに進んでいるようです。

西アフリカ探検（南大西洋）――黄色い海を泳ぐ

南オーストラリアの次に向かったのは西アフリカでした。ここはもっとも採集拠点づくりが困難な地域でした。ここでも世界の発展途上地域で活躍する大手漁業会社の海外駐在所から情報も支援もいただきました。折しも日魯漁業が古めかしい社名をニチロにかえ、大洋漁業がマルハにかえたように、世界を制覇した日本遠洋漁業は現地の拠点を縮小撤退したり、合弁会社へ転身したりする時代でありました。

ガーナは、ボルタ河口のテマで、ニチロの子会社である若潮水産がカツオ漁業を継続していました。セネガルのダカールでは、大洋漁業との合弁会社セネペスカ、カナリア群島ラスパルマスでは、大洋漁業駐在所のお世話になりました。西アフリカの諸国は民主的政権が樹立され安定化しつつありましたが、依然として、エイズのまんえんなど、もっとも受難度の高い地域だったのです。

ガーナ空港には若潮水産の阿部局長や舟木船長が出むかえてくれました。世情は安定しつつあるとはいっても、空港は無政府状態に近い混乱ぶり。荷物に伸びてくる10本もの手をはらいのけ、車に乗りこむと猛スピードで群衆をかきわけて走るという状況です。カツオ船の舟木船長室には三重の鍵がかかっていました。こそどろ、かっぱらい、すりはともかく、武装強盗にはお手上げとのことでした。

ガーナの水産局研究員のバドーさんからは手づくりの資料をいただきました。サカナの

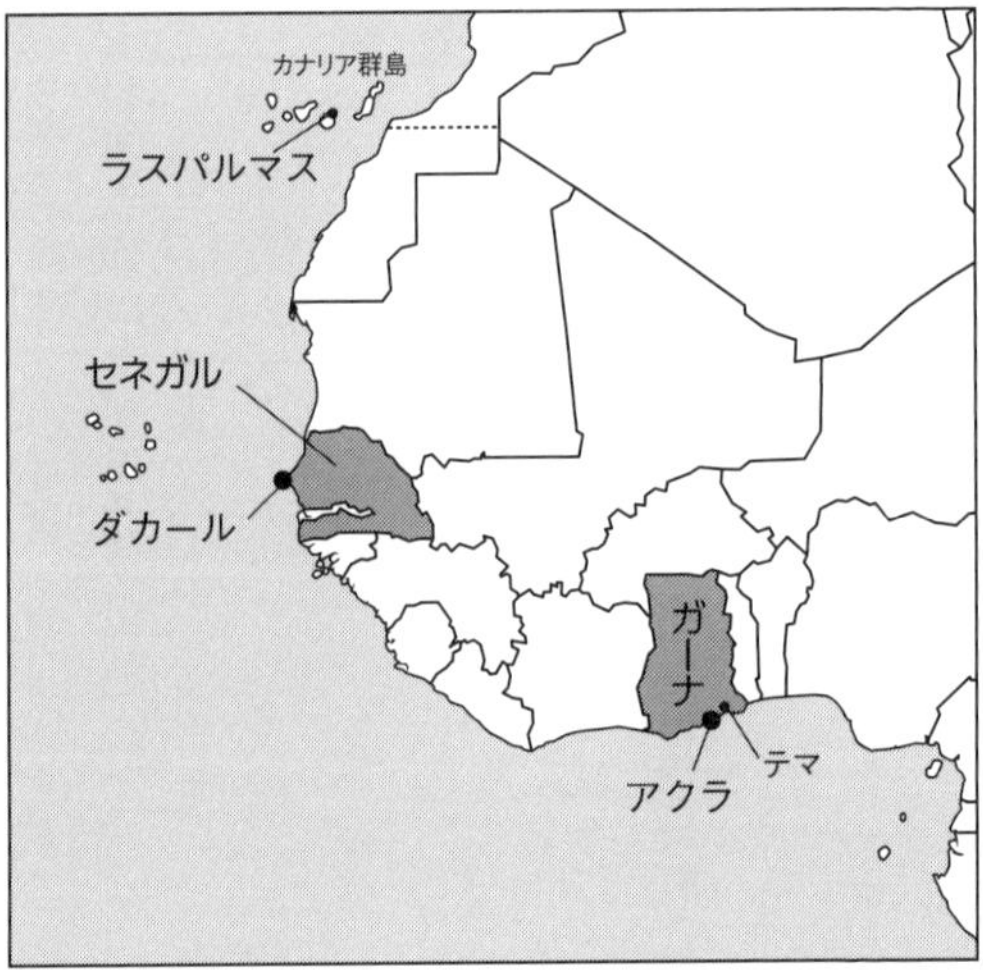

西アフリカの地図。

絵は苦心作でいまでも大切にしています。そのようなおもてなしを受けましたが、ガーナの沿岸は黄色い砂の「黄色い海」！

「こんな色の海は見たことがありません！　海は青いものです！　いつものことですか？」

「そうだよ。そんなにおどろくような不思議なことじゃないよ。子どものときから見慣れた色さ」

「でも、これじゃもぐっても何も見えないのでは？」

「それよりもこわいのはサメかな。たくさんいるんだよ」という返事に絶句です。

　海は大きなうねりがうちよせ、岩礁帯をもぐるのは危険そのもの。スノーケリング（潜水を主目的としたスキンダイビングとちがって、スノーケル、マスク、フィン〈足ヒレ〉３点セットを使用）での観察を試みてはみたものの、やはり透明度が低く、サメの攻撃をおそれて早ばや船に退散です。ガーナでの採集拠点づくりは、断念せざるを得ませんでした。

　続いて北上、セネガルに向かいました。セネガルは北にモーリタニア、東にマリ、南にギニア・ザビオに接する国土は日本の約半分、19万平方キロメートル。首都ダカールは人口２００万の大都市です。パリ・ダカールラリーの終着点でもあります。１９６０年にフランスから独立、社会党政権のもとで内政は安定していましたが、２０００年には初めて選挙による平穏な政権交代がありました。

マルハと合弁のセネペスカの末岡さんが「よくこんなところまで来たな」と、出むかえてくれました。セネペスカの作業場をおとずれると、小型トロール船３組、大型トロール船２組で操業していました。獲物のタイ類は日本向け、ヒメジはヨーロッパ向け、ニベ、オニカマス、海産ナマズは現地消費とのこと。

荷物がないまま、私は小型トロール船に便乗。二艘曳きの１７０トンのトロールでした。船長以下２～３人が日本人、現地の人は12～13人が乗っていました。この陣容の３組でローテー

ダカールのサカナ市場。生活感があふれています。

ションを組み、出漁日をずらして1週間ずつ操業します。いまも赤字経営ではないそうですが、漁場があれて往時のような景気の良さはないとのことでした。

船齢20年のさびついた「ボロ船」は、機関長によれば、「このアフリカ西岸は気候がおだやかだからもつが、東シナ海ではいつ沈没してもおかしくない船だ」そうです。

この船で2時間ほど沖に走り、すぐに操業開始。水深15〜20メートルの浅海トロールです。北緯17度西経12度付近のここの底引きでは、砂地の「住人」が多くとれます。タイ科5〜6種、ホウボウ科、カレイ科、ヒメジ、ニベ、ハマギギ、ホシエソ、シビレエイ、アカエイ、サカタザメ、ドチザメ、マトウダイ、マナガツオ、ハタ科などです。それにマダコも入ります。

水温は21〜22℃なので、日本沿岸と似た温帯のサカナ構成です。朝4時から夜9時までのあいだに8回の操業。セネガル人は働き者でした。もっとも、せまい船上ではさぼっていればめだってしまうからかもしれません。それに、彼らはセネガル人の平均からすれば高給とりだそうです。

翌日、南から北上してきた僚船に大洋上で乗りうつりました。この船はその翌朝から漁をはじめ、北上しつつ4回の操業で夕刻入港。帰港の途上、船長に厨房でごちそうになりました。

年老いた船長は、この航海を最後に下関の郷に帰るとのことでした。その「おわかれ会」のために用意していた大アラのすき焼きでディナーパーティをしていただきました。ジュージューと良い香りがしてくると、天井のゴキブリがたまらず鍋に飛びこんできます。コップのウィスキーもゴキブリ入り。「アフリカぐらしは、ゴキブリなど気にしていられない」と船長がつぶやきました。

西アフリカの大陸では採集拠点づくりは実現しませんでしたが、スペイン領であるカナリア諸島北部のラスパルマスと、大西洋上のポルトガル領カボベルデ島に拠点をつくりました。

バンクーバー（北太平洋）――北極洋につながる海

バンクーバーはカナダの南西海岸に位置するブリティッシュ・コロンビア州最大の都市で、美しいリアス式の海岸でふちどられています。多くの人がもっともすんでみたい地域の1つにあげる自然にめぐまれた町。バンクーバー水族館は広大な公園スタンレーパークのなかにあり、樹木が良く保存されて野生リスなども見えかくれする市民の憩いの場です。

この水族館は1956年の開館当初から93年まで、実に38年間マレー・ニューマン館長時代が続いたといいます。しかし、マンネリ化をふせぐためにドーセントさんという水族館教師がシステムを整備し、数えきれないほどのアイディアをこらしていることで有名でした。

バンクーバー水族館の館長秘書、マルグリット女史によると、名物館長のニューマンさんはもう夏休みで、どこかの太平洋のサンゴ礁にいるだろうとのこと。館長以下、夏休みはきちんととるのがこの国の文化です。しかし、私たちが行くとしていた１９８８年7月の3日間は対応者も決めてきちんとしたスケジュールを組んでくれていました。対応してくれたのは、飼育課長のグラハムさんとコレクターのフィリップさんです。

バンクーバーでの初日、私は、世界のどこへ行っても朝は魚市場見学と決めており、ここでも早朝の魚市場見学を予定したのですが、行ってみてガッカリ。日本式の魚市場ではありませんでした。食品マーケットの氷をしきつ

北極圏の地図。

めたショーウインドウに、カキ、生イカ、コーホサーモン（ギンザケ）の切り身などがならべられているだけでした。魚介類が食文化に占める位置は、日本とくらべるべくもないものでした。

水族館に戻ると、グラハムさんはサカナの長距離輸送は水族館の研究テーマだから何度か実験的に輸送してみようと約束してくれました。でも、冷水性のサカナの長時間空輸は、どの水族館にとっても初体験だったようです。

翌日は、釣りとダイビング、延縄の採集本番です。フィリップさんらのほか、日本からは私と水産大の後輩である多田諭君の５人が採集ボートに乗り

カナダ最大の規模のバンクーバー水族館。　©Jeff Hitchcock

こみました。オジロワシが水面を泳ぐサケをわしづかみにして飛びたったり、アザラシがやはりサケをねらって海峡の小島に群れていたりと、野生生物の息吹があちらこちらに感じられる豊かな海。フィリップさんと多田君は潜水採集。水温10℃で借り物ウェットスーツの潜水はつらかったと、多田君からはあとあとまでこぼされました。

私は持参した塩漬けイワイソメで釣り採集。このエサが大あたりで、極彩色のカサゴ、アイナメ、ウミタナゴの大漁でした。午後は、本命のこの時期だけ浅場に回遊する深海魚スポッテドラットフィッシュ（ギンザメの1種）の底延縄採集です。ニシンのぶつぎりをエサに水深30メートルにしずめ、小1時間後に縄揚げ。ドッグシャーク（ツノザメの1種）が10数尾のほか、ねらっていたギンザメは釣れるには釣れましたが、頭だけ。ビックリしました。ツノザメがかかったギンザメを食べてしまったからでした。

残念がっていた私を見ていたフィリップさんは後日、生きたギンザメを送ってくれました。日本とカナダの東西採集人交流が功を奏したのです。フィリップさんはその後、バンクーバー水族館をはなれ、日本人の奥様と北極圏のレゾリュートという町を基地にして、極地のサカナ研究と水族館への採集供給を専業とするようになりました。いまでも強い絆で連絡を取りあっています。

プエルトモン（南太平洋）――サケ移植計画プロジェクトX

チリはペルーと乾燥地帯で接し、マゼラン海峡をまたいでフェゴ島まで南北4200キロメートルと非常に長いのですが、幅は平均180キロメートルで細長い国です。首都サンチャゴからリアス式の海岸を南へ1時間ほど飛ぶとロス・ラゴス州の州都プエルトモンに到着。1988年末のことです。まちはずれには日本企業「ニチロチリ」のギンザケ養殖場があり、このニチロ漁業海外事業部にいた大学の同級生・遠藤紀忠君の紹介でここまでやってきたのでした。彼は佐渡でキングサーモンの養殖に成功した経験があったのです。

ギンザケはコーホサーモンともよばれ、日本には回遊してきませんが、カナダに多いサケです。この養魚場では卵をカナダから輸入し、リアス式の波静かな入り江に生け簀を設置して養殖していました。ヨーロッパ産のサーモンとならん

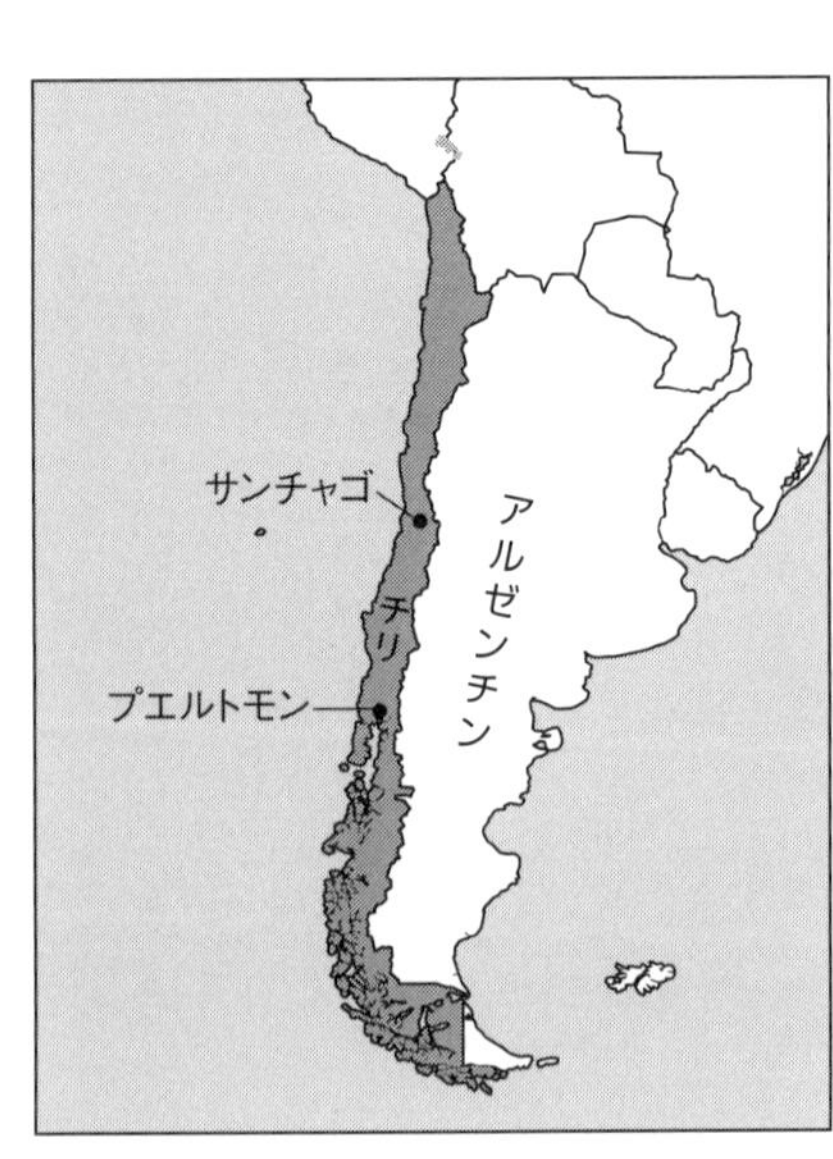

チリの地図。

で、養殖のギンザケは人気があり、回転寿司屋のすし種にもなっています。

この地域では、種はちがうものの日本で食べる水産物はすべてそろっています。貝類では、アワビに味が似たロコ貝や、おばけのような大形のフジツボ、ピコロコがめずらしい。ロコ貝はアワビの代用品として日本にも輸入されているといいます。ウニやホヤもあります。カニはセントージャとよばれるイバラガニモドキ。魚類相も多彩です。成魚になると50センチメートルほどになるペヘレイが多く、淡水・汽水域に広く分布していて、キス釣りのしかけで波打ち際から釣れます。水温は南極から北上するフンボルト海流の影響で10℃と低め。でも、寒さ知らずの潜水漁師は冷温をものともせずはだか姿でした。私はどの国に行ってもかならず魚市場をたずねますが、チリでもこれらのサカナがならんでいました。

チリでの魚類採集では、ニチロ漁業のみなさんにお世話になりました。おかげで、市場にならべられていたサカナを生きたまま送り、葛西臨海水族園の水槽をかざることができました。

チリにかかわることで、おもしろいフィッシュストーリーをお話しておきましょう。日の目を見なかった地球の裏側での壮大なサケの移植計画のことです。「プロジェクトX」ともよぶべき企画でした。

ギンザケの話をしましたが、もともと南半球にサケは分布していません。しかし、北半球と南米のチリでは海洋の条件が似ていることに気がついた人がいました。水産庁の日光淡水養殖研究所の研究者、白石芳一さんです。そこで、チリに日本のサケを移植しようとしたわけです。

南極大陸からのフンボルト海流をさかのぼって、オキアミなどのエサの多い南極海ですから、サケが大きく育ち、チリの川に産卵回帰するというもくろみでした。ところが、何年も川に放流しつづけたにもかかわらず、サケはまったく帰ってこない。それではと回遊範囲のせまいサクラマスで試みましたがこれも失敗。

北半球に生息しているサケは、生まれ故郷の川をあとにして北洋を大回遊し、4、5年後に生まれた川に回帰します。この母川をさがしあてる感覚は、稚魚のときにすりこまれた川の水の記憶であるといわれています。けれども、サケが外洋から接岸するときにどんな感覚にたよっているのかは、いまだに明らかになっていないのです。太陽の高さや角度をはかって、いわば天体航法によって接岸するという説、海流や好みの水温や海水の性質にしたがって回遊しつつ母川の近海に来遊するという説などもあるのです。この白石さんの失敗は、サケというサカナが獲得した超能力も、北洋の多くの海洋条件とセットになっていないと発揮されないことを推測させました。

南極洋——マゼラン海峡をこえて

「7つの海」はそれぞれ特徴がありますが、北極や南極は極寒の海域で、きびしさも一入。とくに南極圏の海は水深3000メートルのところもある上、南極海流が環流して外海から隔絶しています。それだけに、低温に強い固有種が多く育まれています。さらに、深海からは栄養分の多い湧昇流があって、ナンキョクオキアミが大発生する豊饒の海なのです。

温帯でくらす私たち日本人から見ると、寒くて生き物が少ないのでは、と思いがちですが、ちがうのです。この豊かな海をつくりだすナンキョクオキアミをエサにして、アデリーペンギン、ヒゲペンギンなど多くのペンギン類が繁殖し、巨大なヒゲクジラ類が回遊。私たち「7つの海採集隊」にとってはあこがれの地でした。そこで目的地にしたのが、南米のチリが領有権を主張している南極半島、キングジョージ島でした。南緯70度、まぎれもない南極圏です。チリはここに空軍基地をかまえ、周辺の旧ソ連（現在のロシア）、中国、ブラジルなどの南極基地への補給やさまざまな便宜をはかっていました。

私たちも渡航にあたってチリ大使館を窓口にして折衝したのが功を奏し、チリ空軍の協力が得られることとなりました。この協力が得られたおかげで、日本への中継をふくめた飛行時間80時間の生物輸送の道が開けたのです。

そこに向かうために、私たちは１９８９年3月、成田発ブラジル・ヴァリグ航空を使い、ロサンゼルス（アメリカ）、リマ（ペルー）、サンパウロ（ブラジル）までの１万９００キロメートルの長丁場を給油しつつ飛行。約60キログラムの資材は運送中に「迷子」になることをさけるために、すべて手荷物にして一緒にもっていきました。

サンパウロからは早朝チリ航空に乗りかえ、アンデス山脈を横断。午後にはチリの首都サンチャゴに着き、早速、チリ南極研究所、水産局を訪問。いずれも友好的で、水産国チリは地球の裏側ではあっても、日本とのパイプが太く親日的なことを実感しました。翌朝9時、サンチャゴ空港を定刻に出発。アンデスの山すそからリアス式海岸に押しだす青い氷河を眼下に一路南下、南米大陸の最南端の町プンタアレナスに到着です。

町からはマゼラン海峡ごしにダーウィンの『ビーグル号航海記』で紹介されたフェゴ島がのぞめます。この島はポルトガルの探検家マゼランが発見した島。フェゴは火という意味で、島民のたき火の火を見て名づけられたといわれ、いまは西半分をチリ、東半分をアルゼンチンが領有しています。町には、南極から恒常的に吹きつづける冷たい風によって高い木はなく、低木は東向きにひれふしていました。そのような町だけに、多くの航海者がここで骨休めしたにちがいありません。南極の地＝キングジョージ島までの空路の安全を祈って、マゼランの巨大な銅像に手をふれて、これからの冒険の成功を祈りました。

案内してくれることになったチリ空軍のフリーヤス副官は軍服姿でしたが、私たち採集隊の添乗員でもありました。出発の前日、南極滞在中の注意事項を話してくれ、どういうわけか各自に耳栓がくばられました。

翌朝は、軍隊らしく朝8時きっかりに、双発の輸送機C130ギャラクシーで目的地に出発。4発のプロペラがまわると、耳栓のわけがわかりました。親切にしてもらっているので苦情をいうわけ

プンタアレナスにあるマゼラン像。　©Javier mansilla g.

にいきませんが、暖房の制御が不調なのか、猛烈に寒くなったかと思うと30℃の高温になるという乱高下。乗り心地は決して良くありませんが、交代でコックピット（操縦席）から南極の海をのぞかせてくれるなど兵士のサービスは満点でした。

約2時間半のフライトのあと、1度着陸態勢に入ったのですが、風が強いのでしょう、再度上昇し2度目にようやく着陸。10時30分、衝撃とともに一同将棋だおしになるほどの急ブレーキで南極の大地に着陸しました。草木ひとつない月世界のような景色でした。ホテルはというと、建物はありません！　あるのは飛行場脇のコンテナとカマボコ型の兵舎でした。それでも夜空には、真上に南十字星、地平線にはサソリ座、その反対にはオリオン座が輝いています。感激でした。

こうしてカマボコ兵舎の2段ベッドの生活がはじまったのです。

第1日目の朝は、10メートルをこす北風と小雪が舞う天気で明けました（それでも好天のうちだそうです）。完全装備で兵舎を出発。9時過ぎにベースに到着。1キロメートルばかりの距離ですが吹雪の行軍はきついものでした。午前9時30分、気温1・5℃、水温1・3℃。山のような氷山がただよい、浜には氷山のかけらがごろごろしていました。軍が手配してくれた若い兵士のサマランカさんは漁師出身。彼の運転する軍用ゴムボートで出漁です。

まずは水深15メートルにニシンをエサにし、底延縄をセット。そのほかにもトラップ（罠）をしかけているうちに風がかわり、たたきつけるようなブリザード（暴風雪）になりました。すると、どうしたことかエンジンは不調。あやうく岩礁にたたきつけられるようなことも経験しながら、しばらく漂流することに。初日からきびしい試練でしたが、サマランカさんは、いつものことよというように平然としていました。

2日目。昨日セットしたトラップには、どれも南極洋に数多くいるといわれるカジカ形のノトテニアでぎっしりでした。用意したバケツやコンテナが満杯になりました。サカナが確保できたので、氷づめ・酸素づめで何時間生存できるか、輸送のシミュレーション実験をはじめました。

この日は南極晴れで、気温4℃、水温1・3℃。昨日のサマランカさんにかわって今日同行してくれるモラ副官からは、「こんなに好天が続くのは運が良い」といわれました。漁獲は順調で、トラップを次つぎと新しい漁場にしかけていきました。おもしろいようにとれます。新しい漁場の開発がこういうことばかりなら楽しいだろうなぁと思ったものです。

その最中、モラさんが急に話しかけてきました。

「日本に輸送しない大形のものは、海に帰さないでくれないか？」

「良いですけど、どうしてですか？」

「いやぁ、兵士に食べさせてほしいんだ。いいだろう」

なるほど、兵士ではなく、わざわざ副官のモラさんが同行してくれたのは、親切心だったのでしょうけれども、目的の半分はここにあったようです。でも、私たちもご相伴にあずかり、白身でおいしいサカナをいただくことになりました。

その日の夜は、それまでとは打ってかわって暴風雨。北の風は15メートルです。目がさめると、浜にゴロゴロしていた氷は忽然と姿を消していてビックリ。輸送用の氷としてあてにしていたからです。輸送には大量の南極氷が必要になりますから、氷の採集という予期せぬ大仕事となってしまったのです。単純作業とはいえ、流氷をピッケルでくだくことからはじまります。それを３個の大型コンテナにつめるのですが、重さはそれぞれ１００キログラムにもなります。そのコンテナに竹棒を通して２人で谷底からかついで運びあげるのです。浜ではゾウアザラシ、アデリーペンギン、ジェンツーペンギンが何ごとかと私たちを見守っています。

モラさんもサマランカさんもこの作業に加わってくれましたが、息一つ切れていません。私たち日本人部隊はというと疲労困憊。ゼイゼイひどい息切れです。モラさんたちはアンデスの山岳地帯で猛烈な訓練を受けてきた特殊部隊であることをあとで知りました。氷をかつぎながら、「チリ空軍に不可能という言葉はない」とハッパをかけられたものです。

午後から９個のコンテナに採集物を分散し、氷づめにしました。いよいよ撤収準備です。天候は曇り、風力15メートル。気温１℃。水温１・３℃のなか、まもなくＣ１３０ギャラクシーが轟音とともに飛来します。貨物の総重量はリミットの１トンをわずかに下回り、準備ＯＫ。午後４時51分、越冬隊に見送られて離陸。プンタアレナスには、ほぼ３時間後の８時に到着しました。

翌日の午前９時、プンタアレナスからサンチャゴに向けて出発。サンチャゴには12時45分に着きました。気温は35℃にもなっています。早速、サポーターが準備した空港の生鮮野菜用の冷蔵庫内にコンテナをもちこみ、氷を補

こちらは天気がいい日の南極の地＝キングジョージ島。　©LBM1948

充したり、0℃に冷やした人工海水に交換したりしました。これに酸素のつめかえ作業も加わり、まさに時間を争う仕事でした。

採集物は20時発のカナダまわり貨物便で2名のスタッフをつけて送り出したのですが、成田空港に着いたのは68時間後のことでした。でも、苦労の甲斐あって全部生存していました。うれしいことでした。

コモロ諸島（インド洋）――シーラカンスの故郷をたずねる

１９８９年、幻のサカナ・シーラカンスに強い関心を抱いて出かけたコモロ諸島は、マダガスカル北西岸から約３５０キロメートルに位置し、モザンビーク海峡の真んなか、南緯11度から13のあいだに点在する活火山の島じま。インド洋にうかぶグランドコモロ、アンジョアン、マイヨット、モヘリの４島からなっています。グランドコモロ島はかつて大爆発を起こし、いまなお三宅島のように噴煙をあげる活火山島です。

かつてフランス領だったこともあり、当時はコモロ諸島ではフランスの学者が独占的にシーラカンスを研究していました。そのため、世界の生物学者の嫉妬の対象でした。

１９７０~７５年に、マイヨット以外の３島がフランスから独立。コモロ回教共和国となりました。マイヨットは島民投票でフランスの海外県にとどまりましたが、人びとはカヌーに帆をかけて島じまをわたりあるく海洋民族です。コモロ諸島全体で人口は83万人。バニラや香水、イランイランなど熱帯作物と漁業で生活しています。

この海洋島の水深200メートルの岩窟に、シーラカンスが生きのびていたのです。大きいだけでまずいサカナだったので、ゴンベッサ＝「悪魔のサカナ」と島民はよんでいたのですが、いまでは懸賞金もかかり「幸福をよぶサカナ」となりました。

75年にこれらの島がフランスから独立すると、シーラカンスに魅せられた男たちがこの島に殺到。多くの水族館の人たちもコモロへ向かいました。72年、バンクーバー水族館、75、76年にはサンフランシスコのスタインハルト水族館が調査しています。

80年代初頭には、日本人も登場します。記録映画監督の篠ノ井公平氏を中心とする日本のシーラカンス学術調査隊がコモロを訪問

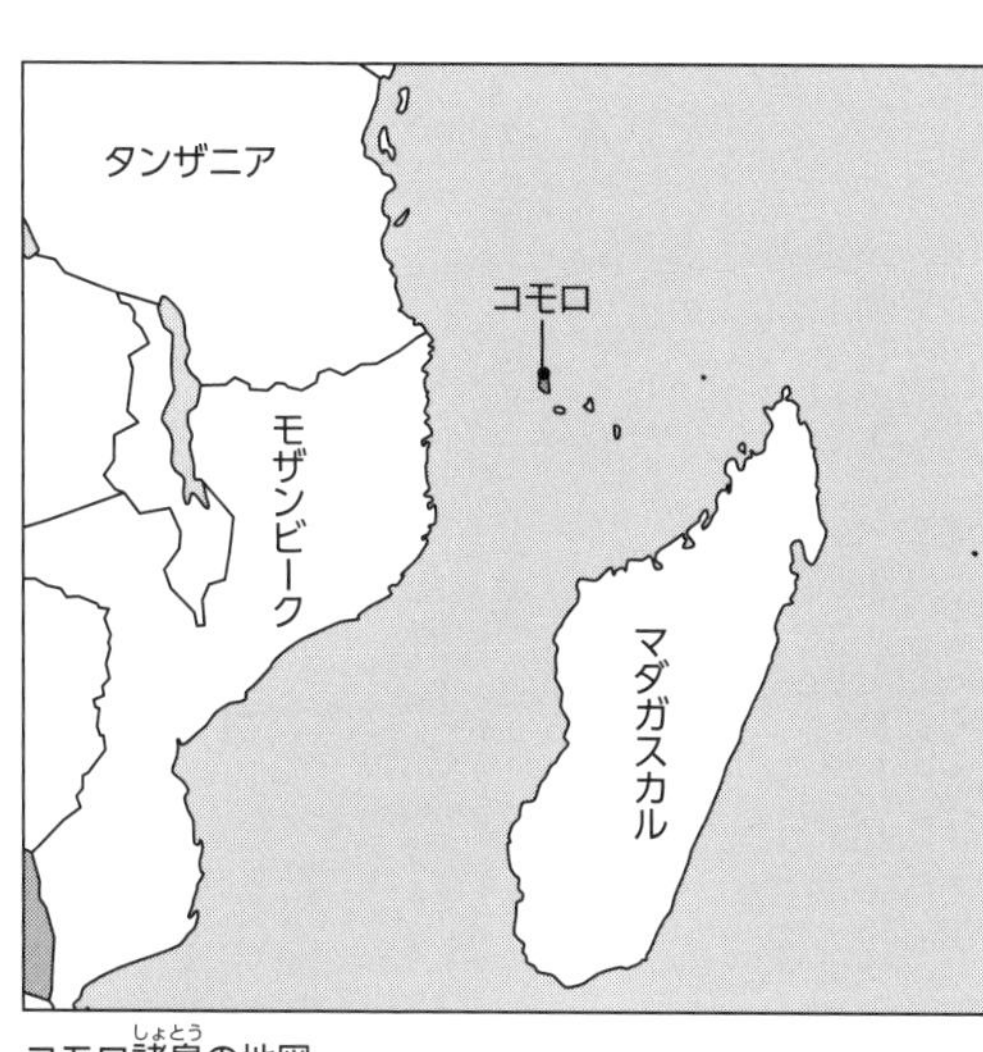

コモロ諸島の地図。

し、アブダラー大統領から数個体のシーラカンス標本を入手しました。これらは、東大名誉教授で、当時油壺マリンパーク館長であった末広恭雄博士、国立科学博物館古生物室長上野輝彌博士らによって公開解剖され、研究成果が単発的に発表されています。

86年にはニューヨーク水族館と探検クラブがコモロ島を訪問。87年にはドイツのマックスプランツ研究所のフリッケ博士らが潜水艇を装備し、本格的な調査に取り組みました。そして、ついに水深180メートルでシーラカンスの撮影に成功しました。

87年から89年にかけては、漁師が釣った4個体を水深27メートルから45メートルのケージに入れて加圧し、最長1週間生かすことに成功しています。

私たちとすれちがうように、89年9月、鳥羽水族館が数百万ドルをかけて、シーラカンスを生けどりする目的で特殊なトラップと水中カメラを装備し遠征しましたが、同年11月のアブダラー大統領暗殺騒動に遭遇し、失敗に終わりました。しかし、鳥羽のシーラカンス生けどり作戦は世界に知れわたるところとなり、日本の鳥羽水族館の名を世界にとどろかせたものです。

私たちが出かけたのも同じ年の夏で、マダガスカルの日本大使から名誉総領事に任命されたばかりのムラダビ氏が軍服姿で出むかえてくれました。彼は眼光するどい190センチメートルをこえる偉丈夫でした。当時は陸海空3軍の司令官兼燃料大臣で、アブダラー大統領の右腕でした。私たちは供与されたヘリコプターで島じまを飛びまわったものです。このとき根城にしたのは、国際協力事業団の無償援助によりアンジョアン島に開設された漁業訓練学校でした。

私たちも当然シーラカンスに強い関心をもっていましたが、このときはアンジョアン島を中心に、サンゴ礁魚類を観察しています。スノーケリングの潜水でしたが、この海の深海にシーラカンスが息づいていると思うと興奮をおぼえたものです。漁業訓練学校の冷凍庫には、シーラカンスが何尾か収容されていました。漁業訓練学校にはサンゴ礁魚類ストック用の水槽をセットし、ＪＩＣＡ（国際協力機構）の専門家に管理を依頼しました。しかし、グランドコモロ島とアンジョアン島とのあいだに紛争が勃発、ＪＩＣＡも引きあげてしまいました。

アルゼンチン（南大西洋）――ゾウギンザメを求めて

アルゼンチンのマルデルプラタへは、北米経由で首都ブエノスアイレスからさらに南下する長旅でした。１９８９年の冬のことでした。名前の「マル（海）デル・プラタ（プラチナ）」は、「プラチナの海」という意味。夏はこのプラチナの海水浴場は２５０万人の人出でにぎわうそうですが、私たちがおとずれたときには海の家に寒風が吹きぬけ人影もまばらでした。この海域には目あてのゾウギンザメが生息しています。鼻先のたれた怪異なギンザメです。

　この地には、かねてから来日のたびに上野動物園水族館に立ちよってくれる友人がいました。船舶整備会社を経営する技術屋の北島年男さんです。北島さんは、アルゼンチンと日本を結ぶ商社マンでもあり、またマルデルプラタで日本人会の会長もなさっていた人でした。

　地元にまともな水族館をつくるという願望も強かったと思います。このコレクション（採集―輸送）の仕事で学ぼうという気持ちもあったのでしょう。ともかく、アルゼンチン人にはまかせられないと思ってくれたありがたい人物です。かねてからの友人とはいえ、このときの出会いでさらに強い絆を結ぶことができました。貴重な財産となりました。

　この「採集旅」では、漁業大学学長、アルゼンチン海洋庁管轄の水産研究所長など、ア

アルゼンチンの地図。

ルゼンチンのお歴れきにごあいさつしました。この方がたは、ゾウギンザメの採集輸送について「ノープロブレム（大丈夫）、何でも協力するよ」といってくれたのですが、実際は、北島さんにすべて依頼することになりました。ゾウギンザメの日本への輸送ということは、南半球から北半球への輸送を意味します。夏の南半球では水槽ごと冷蔵庫に収容した水づめで出発し、冬のニューヨークを飛びこして、カナダ側から大陸横断便で冬の成田到着となるフライトです。このむずかしい輸送が成功したのも、北島さんのおかげです。彼の協力でゾウギンザメの採集輸送が成功し、葛西臨海水族園の水槽におさまりました。

北島さんは、前述したように、マルデルプラタに水族館を建設する計画をもっていましたが、それはまだ実現していません。そのことを考えると、アルゼンチンというか、南米のおおらかであいまいさのあるお国がらが思いうかんできます。

アルゼンチンでは、2001年12月に大統領が辞職して、国が危機におちいりました。そのような南米諸国の経済破綻は、いまにはじまったことではありませんが、ラテン世界の楽天性と無関係ではなさそうに思えます。広大なアルゼンチンの国土は天然資源にめぐまれ、ないものはないといわれるほどです。当時、地平線が見えないほどの土地が数十万円だといわれてもいました。笑い話に「アルゼンチンにないものはない。勤勉な人材以外は」とありましたが、経済破綻が現実の問題となったのです。

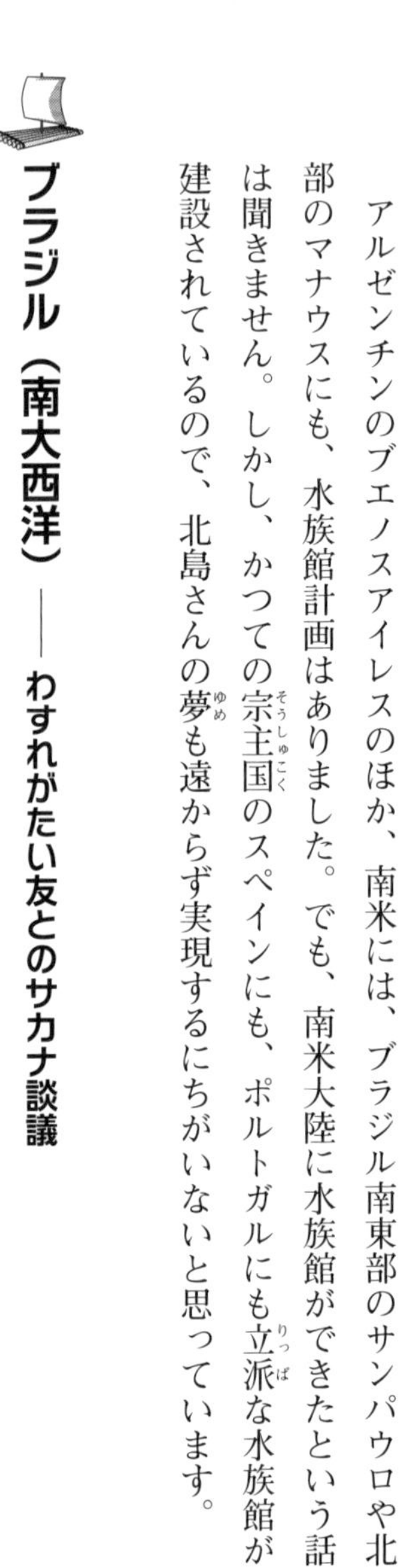

アルゼンチンのブエノスアイレスのほか、南米には、ブラジル南東部のサンパウロや北部のマナウスにも、水族館計画はありました。でも、南米大陸に水族館ができたという話は聞きません。しかし、かつての宗主国のスペインにも、ポルトガルにも立派な水族館が建設されているので、北島さんの夢も遠からず実現するにちがいないと思っています。

ブラジル（南大西洋）——わすれがたい友とのサカナ談議

アルゼンチンに続いてブラジルにも向かいました。目的地はサンパウロから北上して、南米大陸の東端に近いレシーフェ。ここを拠点にしようと考えていました。なぜかというと、学生時代に同じ海洋生物研究会にいた先輩が、レシーフェのペルナンブコ農業大学で教授になっていたからです。先輩は小池乗平さんといって、大学での研究会活動というと聞こえはいいのですが、拾ってきた救命ボートに帆をたてて東京湾で海賊ごっこをした仲でした。また、このレシーフェには、同じく先輩の、腰に手ぬぐい下駄ばきでキャンパスを闊歩していた柔道家・菊地英三郎さんがいて、現地でフカヒレをあつかう水産会社を経営していました。この2人の出むかえを受けたのですから、先輩はありがたいものだと感激しました。

小池先輩の運転で大学訪問の途中、ガソリンならぬアルコールスタンドで一休み。ここではサトウキビからつくったアルコールを車の燃料として給油するのです。そのスタンドでは、同じくサトウキビからつくった蒸留酒も提供していました。アルコールスタンドで1杯が、歓迎の宴の第1ラウンドとなりました。もちろん、車を運転している小池先輩は、ここではお酒はおあずけです。

サカナの採集の「商談」もトントン拍子。大学の研究事業としてバックアップしてもらうこととなりました。

レシーフェをあとにしてサンパウロに戻ると、同窓のサンパウロ大学海洋研究所の松浦康信教授が出むかえてくれました。彼とは、前述したように学生時代川下りカヌー同好会で一緒でした（→35ページ）。同好会といっても会員は私と彼の2名だけでしたが、そのとき以来の再会でした。

サンパウロはコロニアル風の白亜のビルが

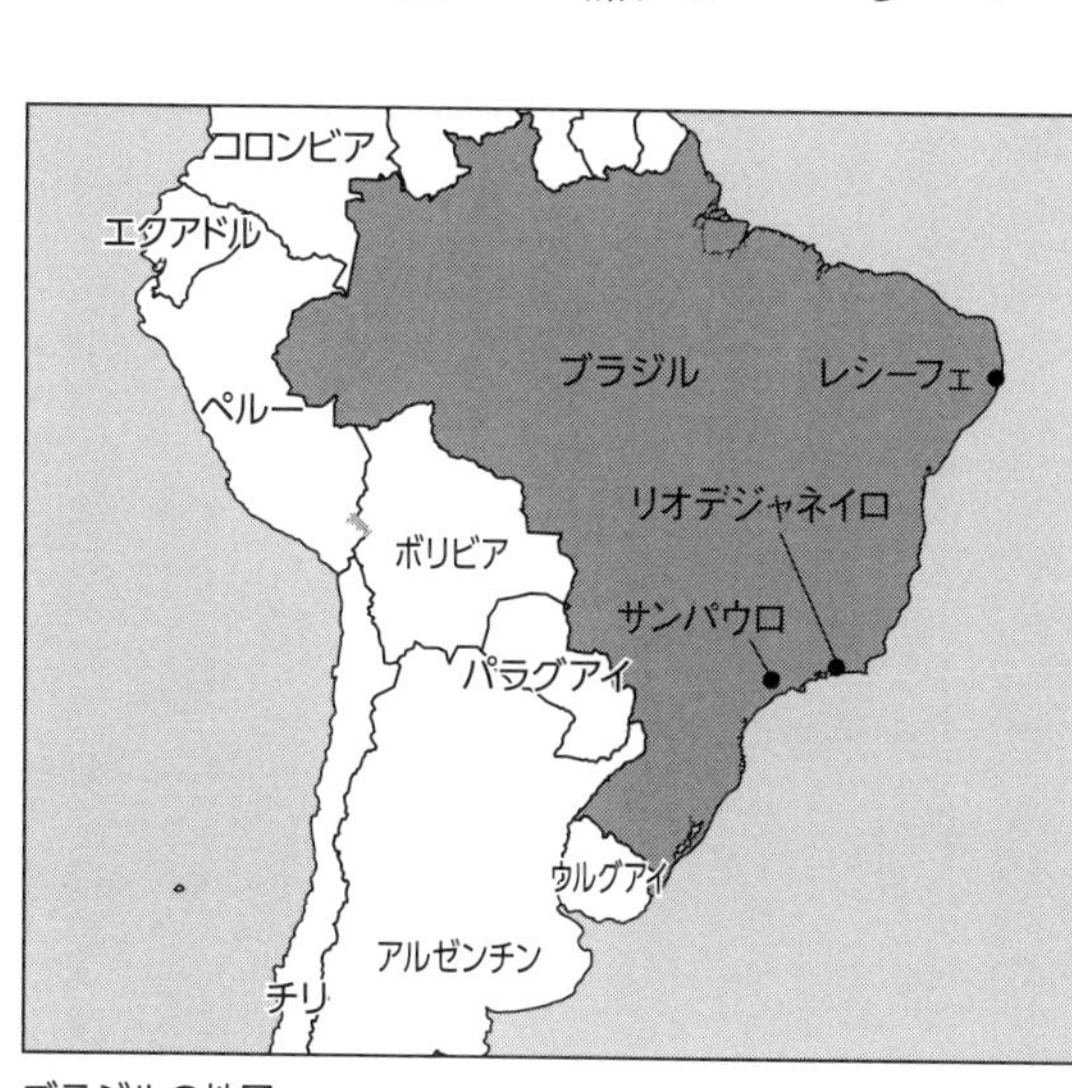

ブラジルの地図。

ならぶ美しい町です。魚市場はここでもおもしろかった。サカナの化石の市場があったのです！　世界的にも知られているこの市場を目のあたりにして、改めて南米に本格的な水族館がないのが不思議になりました。世界の観光地、リオデジャネイロは立地条件が良いので、かねてから大水族館計画があるのだそうですが、いつまでたってもできていません。

　松浦教授によれば、「この国は水族館どころではないんですよ。空港でのバゲージクレーム（ベルトコンベヤーで出てくる手荷物を引き取る場所）でのトラブルは日常的なこと。インフレと貧困、犯罪が多発していて、自己防衛よりほかないのが実際なんですよ」と悲観的でした。

　実は、私も空港で手荷物を紛失していました。しかし、なんとサンパウロのホテルに帰ると、紛失していた3個のうち2個のバッグが届いていました。残りの1個も帰国してからしばらくして送られてきたのです。どこを旅してきたのでしょうね。

　気楽であいまいさのある社会と、日本のような管理社会のどちらがすみやすいだろうと考えさせられました。松浦教授たちは前者を選んで南米に根を生やしたのですが、小池さんも、松浦教授も先年ブラジルで物故してしまいました……。海外での彼らの親切はわすれがたい。

　その気持ちで築かれた葛西臨海水族園の採集拠点は、その後もまだ生きているはずです。

レシーフェの町なみ。海岸線の面して高層（こうそう）マンションが立ちならんでいます。©Portal da Copa/ME

マンハッタン（北大西洋）――豊穣の海だった

ブラジルに続き、「7つの海採集隊」は、カナダ最大の都市トロントを経由してニューヨーク入り。翌朝、頻繁な工事のため運休が多く、ホームの停車位置がハッキリしないなど悪名高いニューヨークの地下鉄はさけて、マンハッタンからタクシーを拾ってコニーアイランドにあるニューヨーク水族館に向かいました。

ニューヨーク水族館は、1930年代の創立時代にはマンハッタンの自由の女神が見えるあたりにあったそうです。2001年の9・11テロでくずれさった世界貿易センタービルのあたりです。

この水族館はニューヨーク・ブロンクス動物園、セントラルパーク動物園とともに、ノンプロフィット（非営利団体）のニューヨーク動物園協会が経営していますが、動物愛護団体の動物園反対運動に対抗して動物園、水族館という名前をはずしました。野生動物保全センターと名乗っていますが、動物園界きっての論客だったコンウェイ博士の智恵というか、「はなれわざ」でしょうね。

水族館に着くと、旧知のガリバルディ水族館長、シーズベルダ飼育課長がそろって出むかえてくれました。シーズベルダさんは前年までボストンニューイングランド水族館に在職。アメリカでは動物園や水族館の世界でも電撃トレードが日常的で、異動するほどはくがつく社会なのです。ガリバルディさんは名前からわかるようにイタリア系の方。この訪問のとき、水族館は大改装中で、シーズベルダさんがスカウトされたのもそのためだと聞きました。

ここでも「商談」は順調に運び、タカアシガニ、マツカサウオなど日本固有のものと、ニューヨーク沖に土着のサカナを交換をすることになりました。

翌日は週末。マンハッタンの

アメリカ最古の水族館といわれるニューヨーク水族館の入り口。　©Allie_Caulfield

漁船に便乗して沖合で夕釣りをすることにしました。ニューヨークの夏はまるで熱帯。日中の気温は35℃にもなります。でも、海上は25℃程度でしのぎやすいとか。水族館に近いシープヘッド湾は小型漁船やヨットの係留桟橋になっており、夕涼みの散歩コースにもなっていました。停泊中の漁船の甲板にはタラやカレイがならべられ、漁師の子どもが売り子になって「フレーシュ、フレーシュ（新鮮、新鮮）」のよびこみの声。元気なものです。その桟橋に私たちとブロンクス動物園の獣医さんが集合。連れていってくれる漁師は腕にいれずみがあり、身長より横幅が広いような男たちです。これに漁師の息子が加わりました。

一行がせいぞろいしたところで5時に出発！　1時間ほど走ってマンハッタンのビルのあかりが見えかくれする沖合に出ました。夕凪です。マンハッタンのビル灯りで「山立て」（釣り用語で、陸地の山や建物などを目印にして、船の釣り場ポイントを決めること）をして、魚礁になっている沈没船をさがしあてました。

早速、ニシンのぶつ切りをエサにして投げこむと、太い竿が引っぱられ、瞬時に竿を立てないと糸が切れてしまいます。かかったのは60～70センチメートルのストライプバス。漁師は釣れるそばから手際よく3枚におろして皮も剥ぎ、スーパーにすぐにおろせるようにアイスボックスへ。その手際の良さに舌を巻きました。

最後に釣れたのは、「最強の釣り魚」といわれる10キログラム級のブルーフィッシュ。歯がするどく獰猛な顔つきでしたが、あたりは抜群で、8時の日没まで楽しい釣りとなりました。

ホテルに戻ったのは夜10時。マンハッタンの灯りは、まだ煌こうと点いていました、それから13年後、世界貿易センタービルの崩壊をもたらしたテロは、地元漁師の格好の「山立て」の目印をも抹消したことになりました……。

高層ビルが集まるマンハッタンの夜景。中央に光る最高層の建物は、世界貿易センタービルの跡地に建てられたワン・ワールド・トレードセンター。 ©Hu Totya

北オーストラリア（西部太平洋）――熱帯オーストラリア

オーストラリアの北部に位置するノーザンテリトリー準州は、フランスの2倍以上135万平方キロメートルの面積で、日本の3倍以上の広さになります。人口は25万人で、州都ダーウィンにその半数が集中しているため、まったくの人口希薄地帯。北部はアラフラ海に面し、南緯10数度。内陸部は砂漠地帯ですが、沿岸部は熱帯オーストラリアとよばれています（北オーストラリアとも）。

私たちがおとずれたのは、1990年のこと。目的は、ここにすむコモリウオを捕獲することでした。コモリウオは珍魚として有名で、オスの頭部には骨が変化した鈎のような形をした突起があります。そこに卵をふりわけてもちあるき、孵化するまで保護するというかわったサカナです。その奇異な頭骨の進化と習性から、スズキ目魚類（この「類」には海魚の大部分がふくまれます）であることにはちがいありませんが、類縁がさだかでないため、独立した希少な「カートス亜目」に分類されています。

コモリウオの採集では、ダーウィン自然史博物館の魚類学者の方から、マングローブ帯でカニ漁をしているビル・ブーステッドさんの紹介を受けました。

この地域は干満差6メートル、内陸まで潮が入るため広大なマングローブ林帯が広がり多様な生命を育んでいます。体長が10メートルにもなるイリエワニの自然保護区であり、川べりには遊泳禁止の大きな看板がありました。にごった水中にすむコモリウオは人食いワニに守られているわけです。

採集の当日、ビル・ブーステッドさんがダーウィンのホテルまでむかえにきてくれました。四輪駆動のジープでマングローブの林深くにわけいると、そこはデコボコ道。それでも勢いよく走っていると急ブレーキが！

「ワァー、どうしたんですか、ビルさん！ふりおとされるかと思いましたよ」

私の声に耳をかたむけることもせず、ビルさんが運転席からすばやく飛びおりたかと思ったら、車の前へ猛ダッシュ。

笑いながら「エリマキトカゲさ。見たことないかい？ うしろ足だけで直立して走

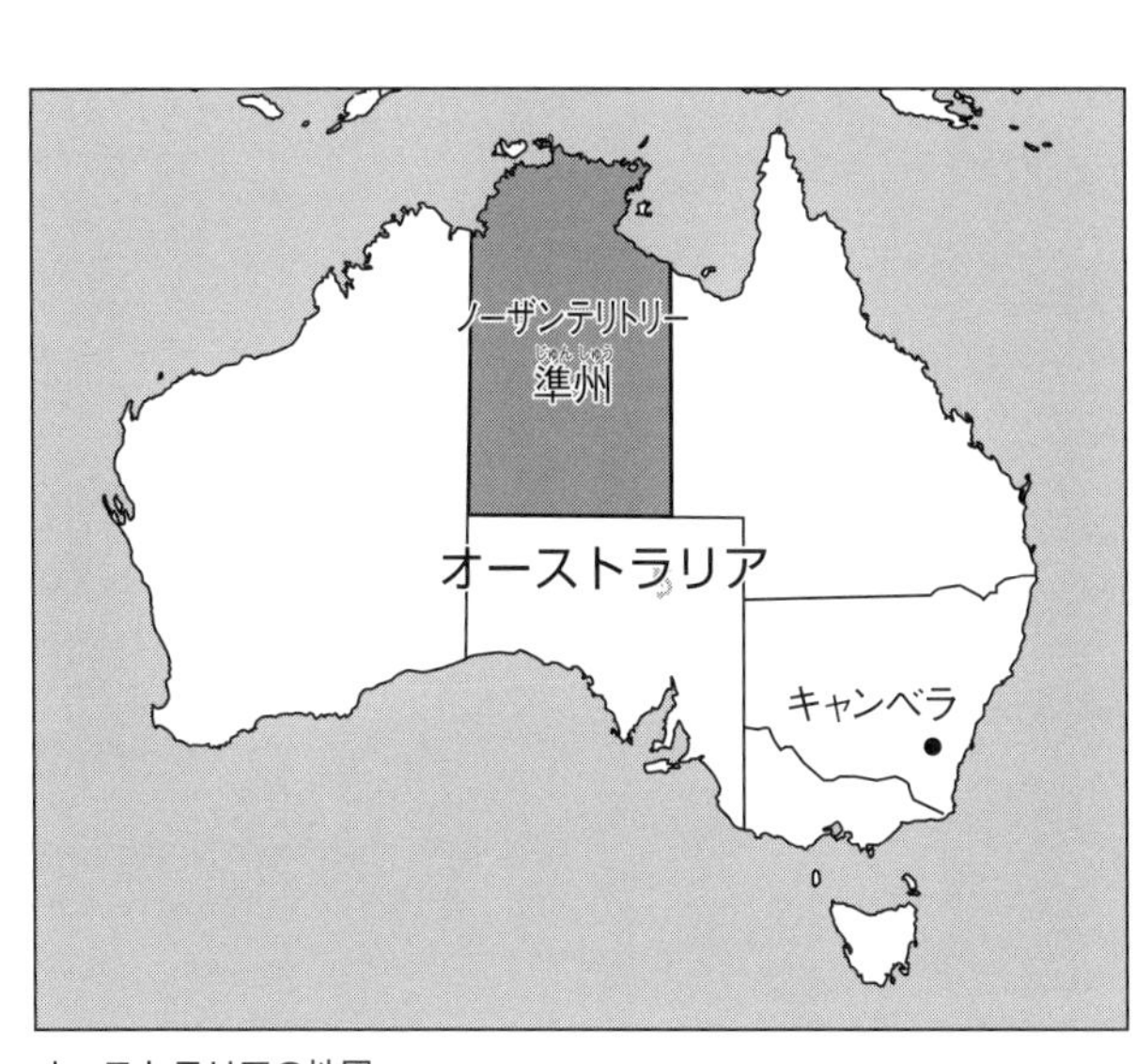

オーストラリアの地図。

るんだよ。それが愛嬌があってね。身の危険を感じるとエリ状の皮膚を広げて威嚇するんだ」

そういって、つかまえたエリマキトカゲを見せてくれました。なんとも楽しい捕獲劇でした。

マングローブの海には、甲の幅が30センチメートルにおよぶワタリガニ科のノコギリガザミがいっぱい。ほかにも、スズキ科の1メートルにもなる巨大魚のバラムンディ（アカメの1種）や、イセエビの仲間のブラックタイガーも生息しています。ビルさんはこれらの水産物の漁獲と養殖を手がけていました。

マングローブ帯の水路にモーターボートを走らせると、ワニが土手で昼寝をしています。コモリウオの採集は、にごった水中に持参のさし網をしかけるのですが、潮が速いので潮どまりのわずかな時間がチャンスです。コモリウオは体が透明ですから、にごり水のなかでは保護色になっています。その判別しにくいコモリウオを見きわめて、ビルさんが投網を打ちます。おどろきました。網を投げた途端、水に飛びこみ、網をしぼるすばやさは、まさに「野人」というようなあっぱれさでした。

そのさし網をのぞくと、額に鈎がついたコモリウオがかかっています。魚類学書でしか見たことのない珍魚が、目の前にいます！　興奮しました。

それにしても、にごり水のなかで雄が卵を身につけていることは、コモリウオにとって一番安全なのでしょうが、なぜ骨まで変化させたのか？　生物の進化は謎に満ちていますね。

第4章

トムソーヤーを育てる次世代水族館の追求

～「アクアマリンふくしま」の夢（ゆめ）～

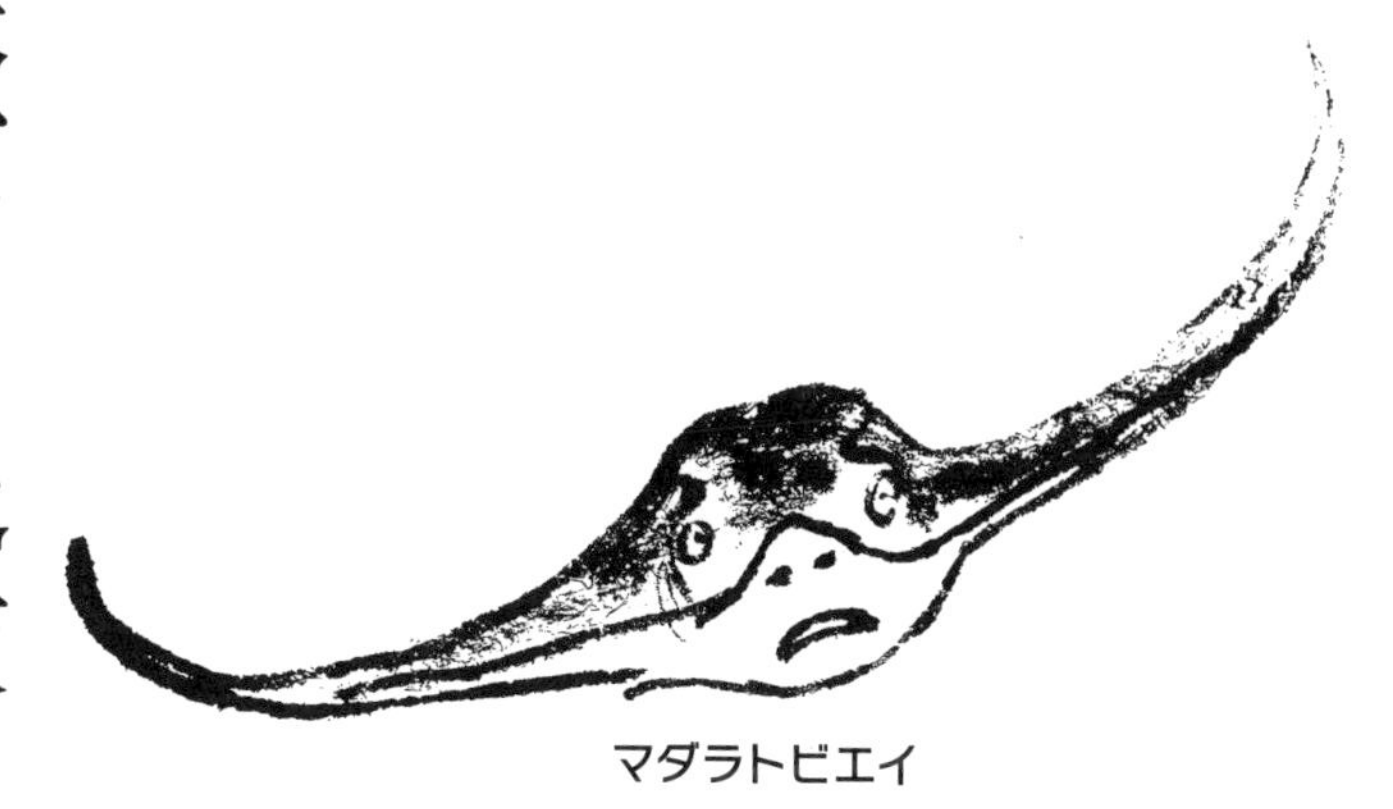
マダラトビエイ

第1節 人と地球の未来を考える

21世紀の幕開けとともに誕生した水族館

前章までの話は、葛西臨海水族園で仕事をしていたときのことでした。その後、私は、上野動物園、多摩動物公園飼育課長、上野動物園園長を歴任して、２０００年に開館したアクアマリンふくしまの館長として新しいスタートを切ることになります。以来この水族館で館長として、水族館のあるべき姿、それも常に来館者のみなさんに新しい感動をお届けできることを求めてきました。この章では、その取り組みをご紹介しましょう。

アクアマリンふくしまの理念は、「海を通して『人と地球の未来』を考える」です。この理念を実現するために、21世紀の幕開けを前にした２０００年7月15日、「次世代水族館」と銘打って、小名浜港二号埠頭にアクアマリンブルーの水族館が姿を現しました。全館ガラスでおおわれており、その名のように小名浜港二号埠頭に水色に輝いています。ガラス建築が初めて世界に現れたのは１８５１年、ロンドンで開催された第１回国際万国博でのことです。水晶宮（クリスタル・パレス）とよばれたその会場は、長さは約５６０メートル、幅約１３０メートルという大きなもので、来館者から喜ばれました。水族館としてつ

「潮目の海」の大水槽。三角トンネルが潮目を表しています。

くられたものではありませんでしたが、その後の水族館普及の端緒になったともいわれています。ガラスの館であるアクアマリンふくしまの建築は、その伝統を引きつぎながらも、新たな可能性も秘めています。

まず、水族館内では、黒潮分流と親潮の出会う「潮目の海」をテーマに、阿武隈の渓流が太平洋にそそぐまでの水辺の自然を再現。イワシとカツオ、マグロなどの外洋のサカナが泳ぐ黒潮の大水槽や、隣接されている親潮の大水槽では、地元の海にすむ生き物たちを見ることができます。

また、展望室にのぼると、そこからは過去の栄光を物語る小名浜魚市場の壮大な建物と、産業港の煙をはきつづける工場群をながめることができます。こうした景色を背景に、「経済成長」「有限なエネルギー」「環境の問題」という3つの相反する問題をどう克服するかを考える場ともなります。これほど立地条件にめぐまれている水族館は世界にないのではないでしょうか。

開館の翌年には水生生物保全センターも整備して、希少動物の繁殖施設としても水族館の役割を果たすことになりました。こうした幅広い視野と総合的な取り組みこそが、次世代の水族館が果たす役割だと考え、チャレンジし続けています。

小名浜港二号埠頭ウォーターフロントの宝石・アクアマリン

新しい運営に乗りだそうとするからには、来館してくれる人たちだけでなく、働いている人にもアピールするわかりやすいコピーが必要だと考えました。水族館名のAQUAMARINE FUKUSHIMAは、愛称には、なんとマリンブルーの宝石アクアマリンが選ばれました。このAQUAMARINE FUKUSHIMAのAMFのイニシャルをぬきだして、A=Amenity 快適な空間を楽しむ、M = Memory 良い思い出をつくる、F = Friendship 友情をつちかう、のコピーをつくり、これを職員、ボランティアの合言葉にしたのです。

展示の方針もこれと連動させて、MSNという合言葉をつくりました。これは先ほど紹介した私たちの理念＝「海を通して『人と地球の未来』を考える」を別のいい方で表現したともいえますが、「理想の自然を再現する」ことをめざすという意味で、Microcosm＝小宇宙のM、維持可能性を意味するSustainabilityのS、Non-Charismatic Species非カリスマ種のNです。

維持可能性と非カリスマ種については、もう少しくわしく説明しておきましょう。

サステイナビリティは「持続可能性」と訳される場合が多いのですが、自然は発展系ではなく現状維持こそが大切なのです。カリスマ種とはめずらしい動植物のことで、海の生き物ではジュゴンなどです。「アクアマリンふくしまの目玉展示は何ですか？」とよく質問されるのですが、これには目玉（カリスマ種）がないところが特色ですと答えています。絶滅が危惧されるカリスマ種（パンダなどのように動物園の動物のほとんどがそれです）の保全活動の傘によって、非カリスマ種の保全が可能になるというのが、一般的な動物園や水族館の考え方です。

しかし、カリスマ種の保全の傘だけで、非カリスマ種の生息地の環境が良くなるでしょうか。私は決してカリスマ種を否定しているわけではありませんが、その考え方は逆立ちしていると思います。非カリスマ種の保全があって、はじめてカリスマ種の生存が可能なのではないか。そのために、MSNの考え方で展示を見てもらい、「人と地球の未来」を考えてほしいと願っているわけです。

具体的には、大多数の非カリスマ種のなかから飼育技術を開発し、展示に結びつけるようにつとめています。また、サンマのように、水産上重要な種であっても、生態がかならずしも解明されていない生物は少なくありません。これら飼育困難生物の展示開発が重要です。アクアマリンふくしまは、非カリスマ種を「卵から育てる」ことを研究方針にしているのです。

さらにアクアマリンふくしまでは、水族館建築のタブーとされてきた陽光をとりいれました。これによって、阿武隈の渓流、熱帯アジアのマングローブ帯、サンゴ礁、「潮目の海」に、自然を再現しています。これはある意味で自然を抽象化し、完成度の高いアクアスケープ（水草や石などのレイアウト術を使ってつく

アクアマリンふくしまでおこなったサンマの展示。

りだす水のなかの景色）を実現したといえます。それは、ほとんど小宇宙（マイクロコズム）の域に達していると思っています。マイクロコズムの環境は飼育される生物にとってもすみやすく、見ている人びとにも心地よい「うちなる自然」にうったえること。そうした環境をつくることに日びチャレンジしています。

「北の海の海獣・海鳥」コーナーのタイヘイヨウセイウチ。

総水量2000トンあまりの2水槽からなる「潮目の海」は大水槽です。4階からはこの水槽が見下ろせ、2階からは見上げる、また三角形のトンネルからは親潮・黒潮の2水槽を見くらべられるという利点があります。建設費はかさむのですが、大水槽設計の完成度は高く、専門家からも高い評価を受けています。

黒潮の源である「熱帯アジアの水辺」は、阿武隈山地の生態系と対になっていて、熱帯のマングローブ帯を中心とした展示となっています。親潮の源＝「オホーツク海」からは、アザラシ、トド、セイウチなどの海獣類も配置されて、展示に多様性を与えています。

3階の「オセアニック・ガレリア」では、縄文時代にさかのぼる人と海洋の関係、海洋文化を考え、潮目の海の海洋科学と、いわき市でとれる水産のセクションがあります。博物館的な展示手法によって海洋環境の保全のあり方を考える場所です。

サステイナビリティとは先ほど述べたように「持続的利用の可能性」の意味です。縄文時代にさかのぼる「人と海洋のこのましい関係」をどうしたら継続できるか、「海洋文化」展示を通じて環境保全のあり方を考えようとしています。

その際、学校教育では教えない体験学習として、サカナを実際に釣って調理して食べるというような、味覚もふくめた五感に

上空から見たアクアマリンふくしまの全景のようす。

うったえるものもめざすようにしています。アクアマリンふくしまからながめられる漁港や工業港を身近に見ることで、人間の生産活動と持続的な自然との共存のあり方を考えていただくことを強く願っています。

環境水族館宣言と命の教育

さて、みなさんも「共生」という言葉を聞いたことがあると思います。たとえば、「ふるさと共生」「自然との共生」などともいわれます。

そのとき私たちは、「自然体」とか「自然に親しむ」というように、自然を無条件に受け入れる傾向があります。一方、欧米の人は「自然を管理していこう」という考え方をもっています。

なぜそのようなとらえ方のちがいになるのでしょうか？　その理由に、次のような見方があります。

〝日本列島の自然は、非常に回復力が強い。その強い回復力を間近で感じとっている日本人にとって、自然を保護しようという意識はとぼしい。ほうっておいてもやがて回復すると思っている〟というものです。

こうした日本人の考え方を的確に英語に訳すことは困難なのですが、英語のサステイナビリティはこれに近いかもしれません。先ほどもサステイナビリティ＝「持続的利用の可能性」という意味だと述べましたが、持続的な自然との関係を維持することといいかえることもできますから、かなり「共生」という意味に近いでしょう。

しかし、一般的にいっても、いったん破壊すると回復に大きな努力がいるのが自然ですから、私たちもあまりに情緒的でいるわけにいきません。そう思って私たちは、水族館を次のように位置づけようと考えました。〝水族館は地球の70パーセントを占める海洋をテーマにしている。その巨大な海洋にすむ生物を美しくダイナミックに展示することで、科学的な教育、ひいては自然に親しむ体験教育と環境教育の場となる〟と。

そこで、開館から3年がたった２００３年の7月、3周年を記念して「環境水族館宣言」を発表。これは、「子どもたちが『自然への扉』を開く体験的学習の場として充実させ、環境に優しい次世代の育成をめざす」ほか、安らぎを感じる理想の環境展示をめざし、市民と協働して身近な自然環境の修復、保全活動を支援する、絶滅が危惧される動植物の繁殖育成の研究にとりくむ、世界にグローバルな情報を発信し世界の保全活動と連携する、というものでした。

めずらしい生物を間近に見たいという「生きた博物館」としての水族館の魅力は、今後もかわらないでしょう。人びとの自然志向の高まりにつれて、「汽車窓式」に水槽がならぶ分類展示から、生息環境を再現した生態系展示へと展示様式がかわっていくこともまちがいないでしょう。そうすることで、「命」というものを、地球という大きなつながりのなかで考え、感じとっていくことができる。そうした水族館をめざしたのです。

環境水族館宣言の記念碑。

物語は生物の進化からはじまる

環境問題を考える場合、歴史的な見方が大切だと常づね考えてきました。だから、最初に水族館にかかわりをもちはじめた上野動物園水族館時代から一貫して、「水生動物の系統樹」づくりに力を入れてきました。46億年前の地球誕生と、38億年前の生命誕生から6億年前の原生代までを数分のCGでたどった、アクアマリンふくしまのプロローグと位置づけた「海・生命の進化」のコーナーは、その1つです。

「生物の進化」を考えるとき、非常におもしろい見方をしている人がいます。アメリカの進化生物学者として名高いスティーヴン・ジェイ・グールドさんです。この人は、

進化と絶滅の歴史を紹介する「海・生命の進化」コーナー。

〝人というのは「生物の進化」にストーリーやトレンドをもちこみたがる。だから、「進化」を「進歩」と置きかえたがる。だけど、それはまちがいだ。「進化の実態」をよく見てごらん。まったくの多様化なんだ。バリエーションとして広がっているだけなんだ〟というのです。

また、〝進化は優先種の絶滅のくりかえしだった〟ともいいきっています。ということは、人類の絶滅もありうるということなのですね。実際、恐竜の歴史を見るように、絶滅のシナリオは化石などが語ってくれています。

「生きた博物館」としてのアクアマリンふくしまは、系統進化の道標となる生きた化石を展示することによって、多様な「生物の進化」の歴史を物語ることは可能としました。無脊椎動物から魚類、哺乳類まで展示する水族館は、「生きた化石」の古環境展示によって、科学的な進化論を紹介する格好の場となりました。

トムソーヤーを育てる

アクアマリンふくしまは、福島県庁の教育庁所管として構想されたものでしたから、「命の学習」や「進化の学習」ということも重視しています。そのため、私は計画の時代からかかわり、現役の教員とともに配置され、館長として「トムソーヤーを育てる」仕事に取り組んでいると考えています。先ほどお話しした「海・生命の進化」も、トムソーヤー精神をもつ、元気の良い、創造的な人づくりのコーナーとしてつくったものでした。

そのほかのコーナーづくりについてお話ししていきましょう。

「ふくしまの海〜大陸棚への道」の展示。

■メインテーマ・海山川の結びつき

1階の「海・生命の進化」からエスカレーターで最上階の4階に着くとはじまるのが、メインテーマ・海山川の結びつきです。福島県の一地域=阿武隈の渓流からはじまり、下って福島の沿岸、寒流の親潮の海、海獣類展示、暖流の黒潮源流のサンゴ礁の海というように、命が場所をかえながらつながっていることを強調しています。

■BIOBIO(ビオビオ)かっぱの里

館内で水中の自然をガラスごしに観賞(かんしょう)したあとは、戸外の自然を楽しむ時間。ここは、見る・聞く・さわる・かぐ・味わう、の五感の体験ゾーンです。

埠頭(ふとう)の先端部(せんたんぶ)の淡水池(たんすいいけ)につくった「BIOBIO(ビオビオ)かっぱの里」。

その最初が、子どもたちの身近にあった里山の自然を再現(さいげん)したBIOBIOかっぱの里。水辺にすむかつてどこにでもあった小川や池を再現したものです。ここではメダカやカエルなど1年を通じてさまざまな生き物がいることを、実際(じっさい)に水のなかで生き物とふれあうことで体験的に学べるようにしました。

「BIOBIOかっぱの里」の「ビオビオ」とは、カエルの鳴き声とビオトープをかけて名づけました。「かっぱ（河童）」は水辺で遊ぶ子どもたちのことをさしています。生き物とのふれあいを通して、本当の自然のなかでの遊び方を学んでほしいと願ったのです。

■蛇の目ビーチ

「雨雨ふれふれ 母さんが 蛇の目でおむかえ うれしいな ピッチピッチ チャップチャップランランラン」とみなさんも歌ったでしょうか？ 童謡の「あめふり」です。お母さんの蛇の目傘は、開くと大きな円形の模様のある番傘のこと。番傘といっても、いまは見かけることもなくなりました。和紙をはった雨傘で、江戸時代のなかごろから普及したといわれています。名前の由来は、お店などでお客にかしてなくなったら困るので、屋号や家紋などと一緒に番号をつけていたからだそうです。

それはともかくとして、雨降りにおむかえに来るお母さんに守られて、子どもたちが健康に育つ場となるようにと願って、タッチプールを「蛇の目ビーチ」という名前にしました。蛇の目ビーチは、カニが泡をふいたりしてにぎやかなピッチピッチの磯、チャップチャップと水遊びができる干潟、ランランランと走りまわれる砂浜からなっています。

4500㎡の広さをもつ「蛇の目ビーチ」。水辺の環境を再現。

■アクアマリンえっぐ

「アクアマリンえっぐ」は、釣り場や4500平方メートルの人工渚などもある子ども向けの体験館です。楽しみながら、自然の大切さや生物の多様性、命のとうとさなどを学ぶことができます。釣り場では自分で釣ったサカナをその場で食べられます。施設の屋内では、生物の多様性をテーマに、めずらしいカニやエビ、原始的なサルの仲間・レッサースローロリス、ウミウなど、さまざまな生き物を展示。楽しむことを重視していますから、水槽も変化のある形にしているほか、絵本やぬいぐるみなどを用意したキッズコーナーもあります。屋外の「えっぐの森」では、四季折おりの植物を観察したり、もちこんだお弁当を食べたりすることもできます。

幼児期から自然体験ができる「アクアマリンえっぐ」。

「えっぐ」という名前は、子どもたちがのびのびと遊べることを強調しようと考え、「卵から育つ」という意味で、英語で卵を表す「えっぐ」と名づけました。

■わくわく里山・縄文の里

もう1つ、どこの水族館にも動物園にもない、アクアマリンふくしまだけのユニークな「広場」をつくりました。それは「わくわく里山・縄文の里」。

約1ヘクタールの園地につくった「わくわく里山・縄文の里」。

「縄文時代」は、日本列島での時代区分で（世界では「中石器時代」あるいは「新石器時代」）、1万6000年前から3000年前の1万年以上も続いた時代。その時代の自然を再現しようとした「里」が、「わくわく里山・縄文の里」です。ここでの縄文時代の環境づくりは、全国にある考古博物館の展示や縄文の遺跡の人間集落を再現することではありません。自然が中心ですから、縄文の時代の水がつくりだした生態系の再現をめざしています。日本列島での時代区分だといいましたが、同じような生態系は世界でも通過してきているはず。それだけに、この縄文の里からの環境メッセージの発信は世界に通じることだと確信しています。

ここの環境を、絶滅させてしまったニホンカワウソの天国でもあるようにしようと考えています。いまは代役をユーラシアカワウソがつとめてくれています。

こうした施設が大事だと考えてつくってきたのは、子どもたちの「見る・聞く・さわる・かぐ・味わう」の五感による体験こそが「人をつくる」と私は信じているからです。「トムソーヤーを育てたい」という願いです。

人びとは１階の「海・生命の進化」エリアからエスカレーターで一気に最上階の阿武隈の渓流にみちびかれ、「ふくしまの川と沿岸」「潮目の海」「北の海の海獣・海鳥」「熱帯アジアの水辺」「ふくしまの海」へとスロープを下りながら観賞します。

アクアマリンふくしまの開館後、さらに緑を強調する改善を加えました。第１段階として建築を映す水鏡だった水盤をビオトープにしました。続いて、埠頭先端部に４５００平方メートルの大タッチプールをもうけました。また10周年を期して、子ども体験館「アクアマリンえっぐ」を増築しました。館内動線と同じくらいの長さの動線が館外に誕生し、建物展示と屋外展示とのバランスがたいへん良くなりました。

２０１１年の被災後、本館へのアプローチの約２ヘクタールの空間に、海山川の循環を象徴した「わくわく里山・縄文の里」を拡充しました。人びとが理想の自然に親しむ憩いの場、港オアシスにアクアマリンふくしまは変貌しつつあります。

第2節

シーラカンスの謎にいどむ

「アクアマリンふくしま」とシーラカンス

アクアマリンふくしまのプロローグのテーマは「海と生命の進化」です。その水槽展示には、6億年前の「カンブリア爆発」時代の化石と「生きた化石」とよばれる生き物たち。地球上に酸素が十分行きわたり、有害な紫外線をカットするオゾン層が形成されると、生物が爆発的に増え、現生動物の代表が出そろったことがわかるようになるという展示をおこなったこともあります。

シーラカンスは、古生代デボン紀から3億5000万

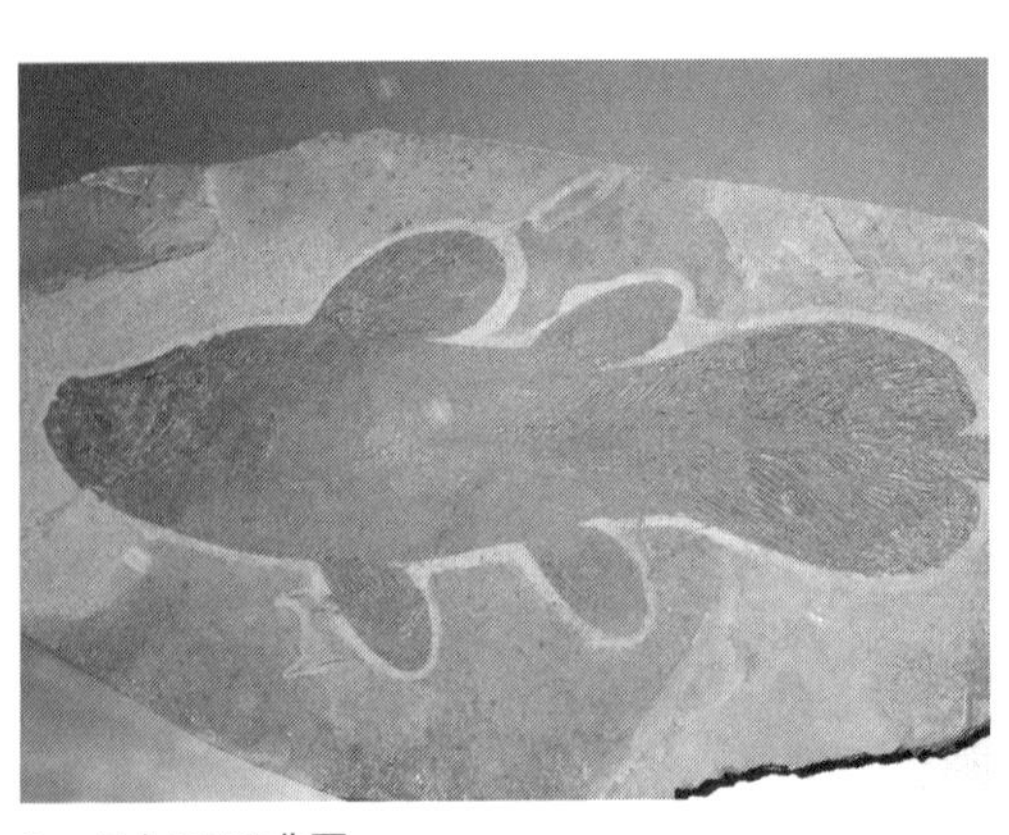

シーラカンスの化石。

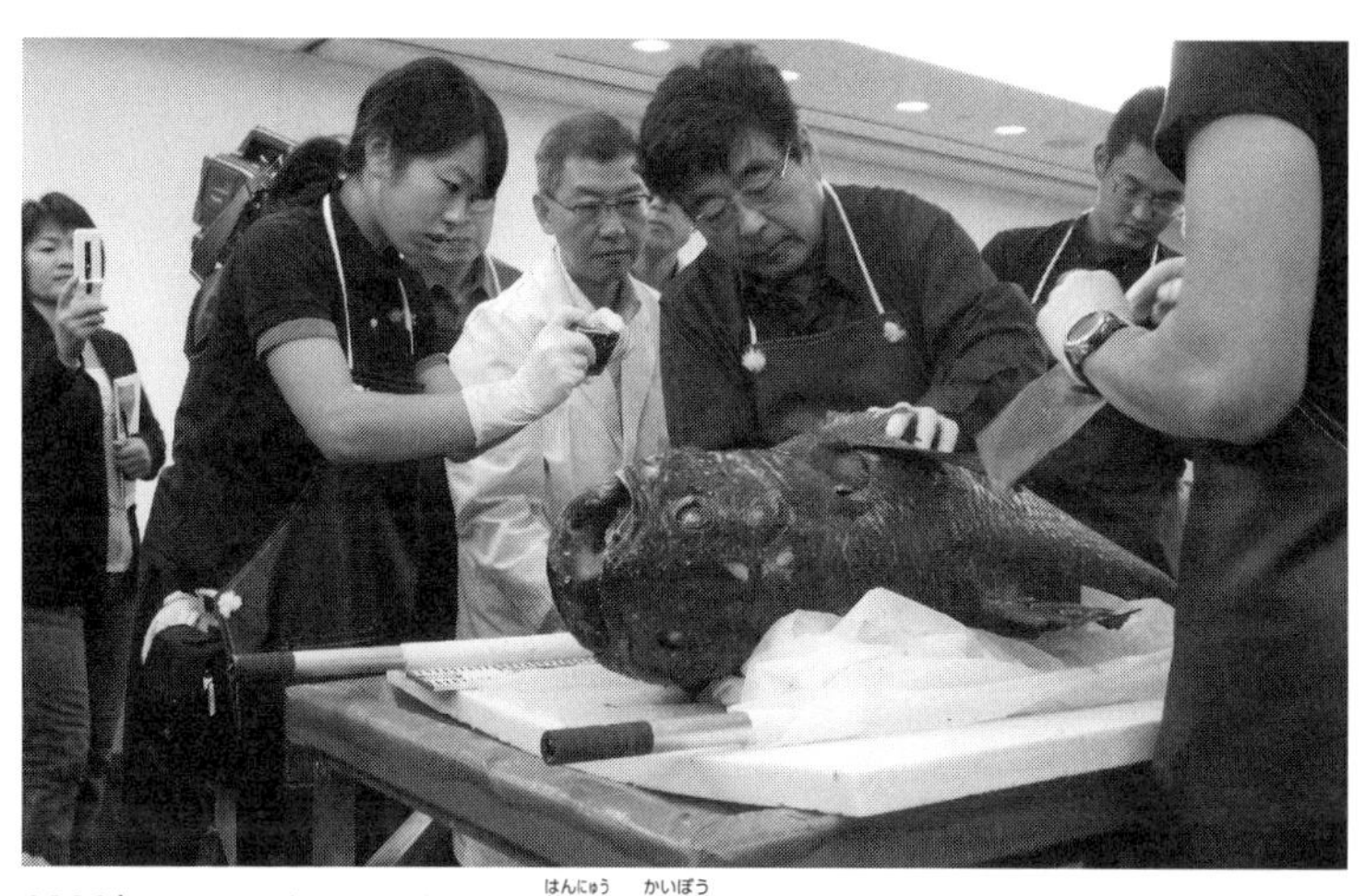

2008年、アフリカシーラカンスの搬入・解剖のようす。

年前の石炭紀のあいだに出現しています。その後、多様な魚形動物が出現しては、絶滅していきました。シーラカンスはカンブリア爆発の申し子であり、アクアマリンふくしまでのプロローグの主役です。

そこで施設のシナリオを一層強調するために、シーラカンス学術調査を長期計画として位置づけ、開館当初の2000年7月から意識的に取り組んできました。

代表的なものは、翌年7月の企画展示「ザ・シーラカンス――シーラカンスの謎に迫る」、05年4月のスラウェシ島マナドでの調査、06年5月にはついにインドネシアシーラカンスをマナド、スラウェシ島で撮影成功、07年9月、タンザニア、タンガ沖でアフリカシーラカンスの撮影に成功、09年10月、スラウェシ島マナド沖でシーラカンスの若魚撮影というように、次つぎとシーラカンスの撮影に成功していきます（こうしたお話は、アクアマリンふくしまのシーラカンス保全プロジェクト統括学芸員の岩田雅光君が『生きているシーラカンスに会いたい！』（新日本出版社刊）で楽しく紹介しています）。その活動のなかでは、シーラカンスの胃のなかにプラスチック袋を発見するという、環境汚染にも直面しました。

また、国際的にもシーラカンスの研究が進むようにと、「国際シンポジウム」（２００２年、07年、16年）を主催することにも取り組んでいます。

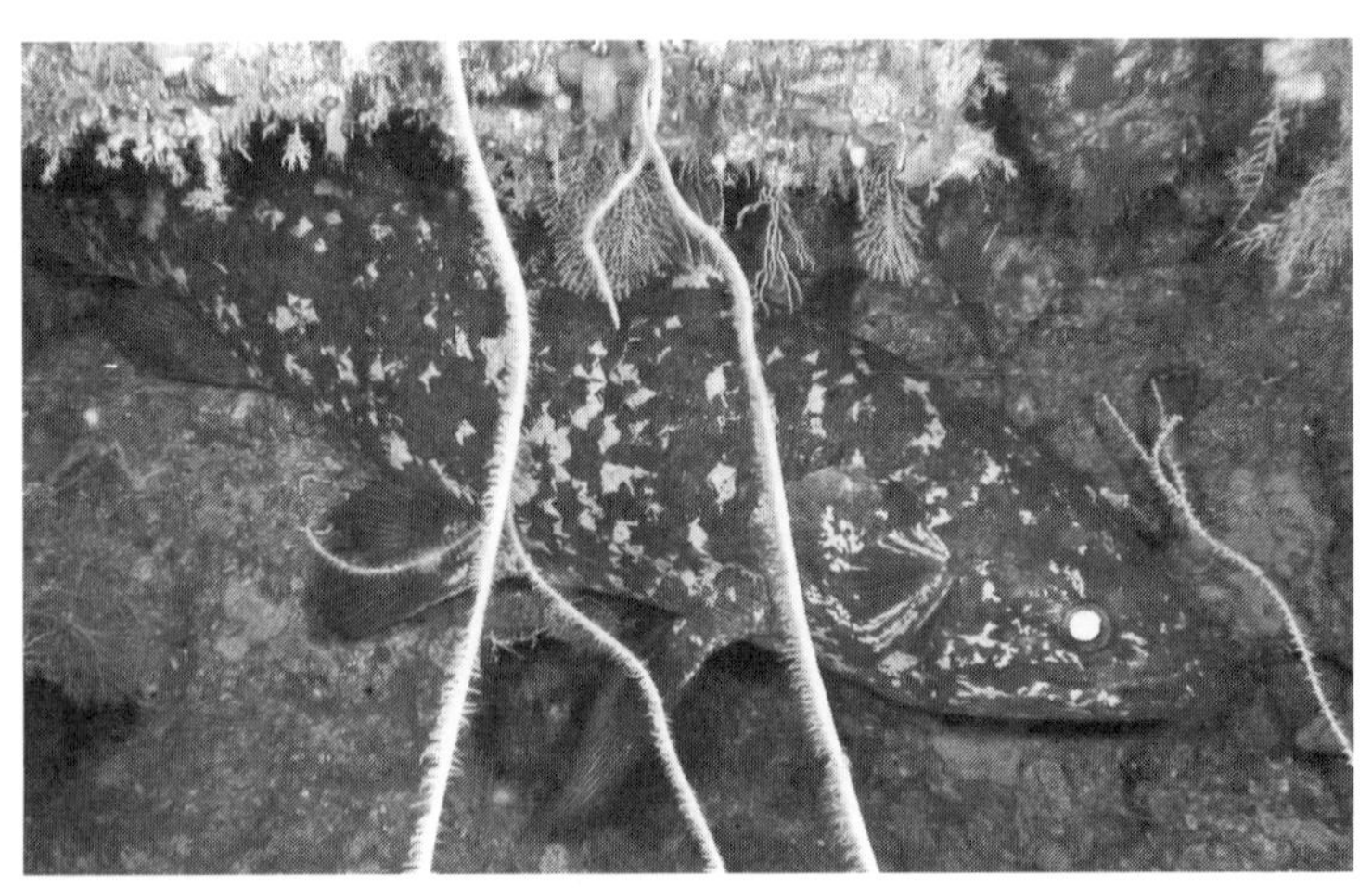

アフリカのタンザニアで念願のシーラカンスを発見！

20世紀最大の謎は21世紀にもちこされた

私とシーラカンスとの出会いは、アクアマリンふくしまの開館前にさかのぼります。シーラカンスの島、コモロ諸島にはじめて降りたったのは1988年のこと。紫色の煙をあげる火山島でした。着陸態勢に入りはじめた飛行機の窓から下を見ると、島の縁と明るい海が飛びこんできましたが、すぐに紫色の煙につつまれるというような島です。数千メートルの深海から火山島がそそりたっているのでした。

シーラカンスの現地での名前はゴンベッサ。「大きくて価値のないサカナ」という意味でした。島の人びとは夜カヌーをこぎだして漁をするのですが、ときにはゴンベッサが月のない闇夜に深海から浮上してきて、巨大なシーラカンスと格闘することもあるといいます。こわいでしょうね。

その話を現地で聞き、シーラカンスへの関心は、さらに神秘さを増すことになるのですが、それから10年となる1998年、コモロ諸島から1万キロメートルもはなれたインドネシアのスラウェシ島のまち・マナドで、新種のシーラカンスが捕獲されました。現地名ラジャラウト、つまり「海の王様」。形はゴンベッサと似ているのですが、DNA鑑定をすると新種だとわかりました。共通点は、ここも火山が噴煙をあげる島だということ。コモロとスラウェシを結ぶ点と線は何を意味するのでしょう。20世紀の最大の生物学的発見といわれたシーラカンスの謎は、21世紀にもちこされたのでした。

シーラカンスとは？

シーラカンスには、ふつうのサカナのような背骨（せぼね）はありません。脊柱（せきちゅう）という体液（たいえき）が満ちた太い1本の管が背骨のかわりをはたしています。そのようなちがいなどもあって、「サカナの時代」とよばれる古生代デボン紀（約4億1600万年前から約3億5900万年前）にこの仲間から陸上動物が進化したと考えられています。足のように見える肉質（にくしつ）の胸（むな）ビレと腹（はら）ビレは、それを物語っています。

最初にシーラカンスが捕獲（ほかく）されたのは、1938年12月22日、南アフリカのイーストロンドンのチャルムナ川の沖でした。発見者のコートネイ・ラティマーさんは、イーストロンドン博物館の若（わか）い学芸員。このかわったサカナを発見して、すぐに南アフリカ共和国の大都市・グラハムズタウンにあるローズ大学の魚類学者J（ジェイ）・L（エル）・B（ビー）・スミス博士（はかせ）へ連絡（れんらく）をしました。

この発見は、まるで生きた恐竜（きょうりゅう）が現（あらわ）れたように世界の生物学者をおどろかせます。20世紀最大の生物学的発見ともいわれました。なぜなら、シーラカンスは恐竜の時代に絶滅（ぜつめつ）したと信じられていたからです。スミス博士は、サカナを発見したラティマーさんと、サカナが最初にとれたチャルムナ川沖を記念して、ラティメリア・カルムナエと命名しています。

2匹目の捕獲は14年後の1952年で、東アフリカとマダガスカル島のあいだに位置するコモロ諸島でのことでした。以後、同島付近で200尾ほどが捕獲されています。

海の王様・インドネシアシーラカンス

この節のはじめ、新種のシーラカンスが捕獲されたことを紹介しました。1998年のことでしたとお話ししましたが、これにはおもしろい「前史」があるのです。前年の97年9月のことです。このとき、インドネシアのスラウェシ島を新婚旅行中だったアメリカ人のマーク・アードマンさんが、マナドの魚市場で巨大魚を「発見」！ 前述のラジャラウト＝海の王様です。彼は、これはシーラカンスにちがいないと思い、写真もとりましたが、その個体は直後に市場から消えてしまいました。

なぜそんな貴重なサカナが「消えてしまった」のかと思いますよね。これはコミュニケーションがうまくとれなかったからでした。マークさんは「世紀の発見だ」と思って現地の人を問いつめるのですが、現地の人は「何をわめいているんだ」と感じるだけ。そのうち、住人が集まってきてマークさんをうさんくさそうに見て険悪な雰囲気になってしまい、マークさんは意味を伝えきれないうちに退散してしまったのです。

しかし、なんといっても「世紀の発見」です。もう一度きちんと話そうと追いかけたのですが、「あとの祭り」。シーラカンスは切り身にされて売られてしまったのです。

その後、彼は漁師からシーラカンスの情報を一生懸命集め、ついに翌年には、２匹目のシーラカンスを発見して標本にすることができました。

インドネシアは、アジアとオーストラリアのあいだに位置する赤道直下の島国です。東西４０００キロメートル、南北１８００キロメートルの広大な海域に散在する、１万７０００の島じまからなっています。環太平洋造山帯の縁辺に位置するため、火山活動も活発で、標高２０００メートルの山やまから５０００メートル以上の高山もつらなっています。そして、熱帯雨林、マングローブ林、サンゴ礁、湿地帯など、多様な自然環境が、多様な生物の生息場所を生みだしたのです。

インド・西部太平洋海域、熱帯アジアの多様な環境が、シーラカンスの生息を可能にしてきたのでしょう。

インドネシアの地図。

生きたシーラカンスの夢は

いま、アクアマリンふくしまには2種のシーラカンス標本を展示しています。アフリカシーラカンスとインドネシアシーラカンス。これを同時に見ることができるのは、ここだけです。

しかし、「命の大切さ」を伝えることを大きな目標としてかかげている私たちは、シーラカンスについてもそこまでせまらなくてはなりません。そこで、南アフリカのグラハムズタウンの水生生物種多様性研究所（旧J・L・B・スミス魚類学研究所）の「アフリカシーラカンス生態系プログラム」と、当館の「シーラカンス調査研究長期プロジェクト」のあいだで2006年4月、相互協力の「覚

アクアマリンふくしまで展示されている2種類のシーラカンス。

え書き」をかわして、地球という「水の惑星」のモンスターともいえるシーラカンスの生態解明に、ともに取り組むことにしました。

その後も、インドネシア科学技術院や同国のサムラトランギ大学などと力をあわせて研究を進め、シーラカンスの保全に尽力しています。

第3節 災害とたたかったアクアマリン

開館10周年を祝った2010年

紙数がかぎられているため、くわしくお話しすることができませんが、アクアマリンふくしまを語るには「東日本大震災」とそこからの復活についてお話をしないわけにはいきません。

私たちは、多くの施設や人びとと同じように、それぞれの歴史をふまえて新しく進む道を見きわめるために、「10年」単位あるいは「5年」の節目で記念するイベントをおこなってきました。「東日本大震災」に見舞われる前年、2010年にも、開館10周年を祝い、アクアマリンふくしまを中心にして、新設した「子ども体験館(愛称・アクアマリンえっぐ）」と、漁港区に「アクアマリンうおのぞき子ども漁業博物館」を新設し、両翼をそなえました。

「アクアマリンうおのぞき子ども漁業博物館」の「うおのぞき」というコーナー名は、1882年に上野動物園内にできた日本で最初の水族館「観魚室（うをのぞき）」に由来します。「アクアマリンうおのぞき」は、漁業不振でしずみがちな地元・小名浜港に活気をとりもどすために、2010年の4月に小名浜漁港に別館としてオープンしたのです。その新たな飛躍をちかった矢先の被災でした。

2011年3月11日14時46分。

観覧者の方がたが展示を楽しんでいる最中、突如、体験したことのないはげし

アクアマリンうおのぞき。現在は「アクアマリンえっぐ」内に移設しています。

い横ゆれ。

「ワァー」「キャー」の悲鳴。ガシャガシャ、ドカーン、バリバリなどさまざまな音が響き、展示物が飛びちり、みなが初めて経験する大地震に、しゃがみこんでしまう人、うろたえて走る人、誰もがおそれおののいていました。

　このとき、私は、地域の元毎日新聞記者の田中英雄さんと茶飲み話をしていました。たおれる本棚をささえながら、「これはただごとではないな」と思いました（後日談ですが、田中さんは、記者魂が刺激されたのか、海岸道を車で勿来方向へ南下し、そこで津波に遭遇。急遽、内陸に向かってハンドルを切ったとのことです）。

　部屋から出た私はすぐに、

「おーい、お客さんは大丈夫か！」「お客さんを安全なところへ！」

とさけんで、館内にいた130人ほどのお客さんに、津波来襲前に館外に出て車でにげるようによびかけました。職員も災害訓練の経験をいかしながら誘導することに必死です。

　お客さんの車がにげおわったころ、

「津波がくるぞ」の声。

　そうです、東北地方には「津波てんでんこ」という教えがあります。大きな地震のあとには津波がやってくる！　高いところへにげるんだ！　もち物など気にせず、肉親にもかまわずに、それぞれが自分の命は自分で守れ！　という教え。

津波警報のサイレンも鳴りひびきはじめます。館内に残った職員とボランティアは80名。全員3階ににげあがりました。そこに第一波がやってきました。二号埠頭一帯には、4メートルあまりの津波が埠頭をこえて押しよせ、引き波が車やコンテナを流しました。港内は、引き潮時には海底が露出！　津波はくりかえしおそってきました。

小名浜港は、二重三重の沖合の防潮堤にかこまれているので、外海に面した浜のように高さが10メートルをこえるような津波はありませんでした。しかし津波の破壊力はすさまじく、アクアマリンふくしまのバックヤードにある30トンもある水槽を押しながしてもいました。

私たちは市街地から孤立し、水族館の3階で職員、ボランティア、警備員ら80人が籠城しましたが、幸い人的被害はありませんでした。

翌日の12日以降、館内は停電により全循環が停止。このままではサカナたちは死んでしまいます。自家発電で送風機を動かすなどしてサカナたちの生命維持につとめました。しかし、電気系統の施設が壊滅状態となっては、水槽に酸素を供給、濾過循環や水温維持ができなくなりました。

さらに、館内を点検すると、水槽や建物躯体の被害、津波による冠水で電気設備が被害、建物周辺の外構の液状化による地盤沈下の被害。とくに「アクアマリンえっぐ」の釣り堀と人工干潟の被害が甚大であることが判明。

加えて、地域全体の停電により、大部分の魚類の迅速なレスキューは不可能になってしまいました。結果、無数の外洋性魚類が犠牲になりました。海獣などは、翌朝に鴨川シーワールドに保護を依頼。3月16日、17日の両日、トド、セイウチなどの海獣類、ウミガラス、エトピリカの海鳥も、鴨川シーワールドの援助により避難していきました。このとき、4階から海獣たちをおろすクレーンを動かすために残しておいた自家発電の燃料が役立ちました。

その後、海獣や海鳥たちは、同館を経由して、上野動物園、葛西臨海水族園、伊豆・三津シーパラダイス、新江ノ島水族館へ避難し保護されることに。この各館の迅速な対応がなければ彼らの命は守れなかったでしょう。深く感謝しています。

アクアマリンふくしまの場合、地震や津波だけではありません。小名浜港から北に55キロメートル圏にある原発の被災とその後の放射線の動向にも注目せざるを得ない状況がありました。

震災直後のアクアマリンふくしま。

震災による停電で、水質浄化機能が停止し、にごった水槽。

復活へのシグナル　チロルの発見

アクアマリンふくしまには、チロルという人気者のカワウソがいました。チロルはアルプスの動物園からやってきたユーラシアカワウソのメスでした。

そのチロルが被災2日後の13日、行方不明に！　長年動物園と水族館で働いてきた私には、大きなショックでした。希少な飼育動物の逃亡は、動物を飼育管理する施設にあってはならないことだからです。

被災から10日後の3月20日、そのチロルが水のぬけた水槽のガレキのあいだにかくれているのを、夜間巡回していた職員が見つけました。

「なんだろうな？」

総務部長の関場智彦君は、何か動く気配のする暗闇にライトを向けました。

「キュー、キューッ」カワウソの鳴き声です。

「あっ、チロルだ。生きていたのか！」

関場君はすぐに館長の私に携帯から電話をかけます。

「館長！　チロルが生きてました！　無事保護しました!!」

「本当か！」

私は絶句してしまいました。
思いかえすと、この僥倖（思いがけない幸運のこと）から復興のすべてがはじまったように思います。調査を経て、建物のダメージが案外少なかったことが僥倖の2つ目。3つ目は、延えんと港外にある三崎からの海水取水ラインが生きていたこと。4つ目は空梅雨だったことで復旧作業がはかどったこと。どれが欠けても再開はむずかしかったと思います。

重機がうなりをあげて復旧を加速させました。直後から日本動物園水族館協会のネットワークが稼働。大物のトドやセイウチなどの海獣類は鴨川シーワールドを経て各地の動物園や水族館へ避難していきました。環境激変を平然と生きのびたカブトガニ、チョウザメ、ナメクジウオなどの「生きた化石」たちは、新潟市水族館マリンピア日本海に避難していきました。

7月に入って、これらの避難組が続ぞくと里帰りしてきました。20トンの活魚トラック「碧竜」は収集ルートを驀進しました。長いトンネルに光明がみえたのは、6月も半ば過ぎでした。すべてに、ありがとう、と何度でもさけびたい気持ちでした。

元気をくれた再オープンでのお客さん

被災から126日目の2011年7月15日、再オープンのセレモニーを、アスファルトのガレキでつくった「がれき座」の舞台で挙行しました。模型の大きい卵のなかには、この日にあわせて20日前に孵卵器をセットした会津地鶏の雛がかえっていました。除幕の卵割りで雛が飛びだしました。

カリフォルニアのモントレー湾水族館からは副館長格のチャールス・ファーウェル氏がかけつけてくれました。当時の渡辺敬夫いわき市長、日本動物園水族館協会の山本茂行会長、海獣類のレスキューと帰館にご尽力くださった荒井一利鴨川シーワールド館長、作山栄一前ふくしま海洋科学館理事、会津地鶏の卵を提供くださった大國魂神社の山名隆弘宮司などなどもご出席いただき、世界と地域が結びついたイベントとなりました。

この「がれき座」は、祭りの場になりました。折しも、小名浜港大剣の木材組合の講堂で「海道の歴史と文化に学ぶ」講演会が開催されていたのですが、福島の民俗学者、懸田弘訓氏の「田植えおどりは東北にしかない。それは凶作と飢饉の暗い歴史から立ち上がる豊作祈願だった」とのお話は、浪江の原発被災とかさなり、聴衆の胸を打ちました。

いわき地方振興局の吉田成志県税部課長（当時）の「神社仏閣は、ほとんど例外なしに津波上限界ラインより上部にある」というお話には納得しました。また、日テレ24時間テレビ「愛は地球を救う」でも紹介され、「がれき座」は熱くなりました。当日はあいにくの雨天であったため、やむなくイベントは館内に舞台を移すことになりました。そこでもよおされた諏訪神社の獅子舞は漁師の豊漁祈願でしたし、「じゃんがら念仏おどり」もすばらしいもので、館内シアターの舞台がせますぎるほどでした。続く能楽講座「羽衣」の着付けも良い趣向でした。さらに、避難区域の浪江小学校の生徒の田植えおどりは涙をさそったものです。

　そのような人びととの集いにはげまされ、「復活への足どり」を確かなものにしていきました。しかし、私たちは、動物園や水族館の利用客のピークは、ゴールデンウィークと夏休みだと心

復興再オープン式典「アクアマリンふくしまよみがえる」。

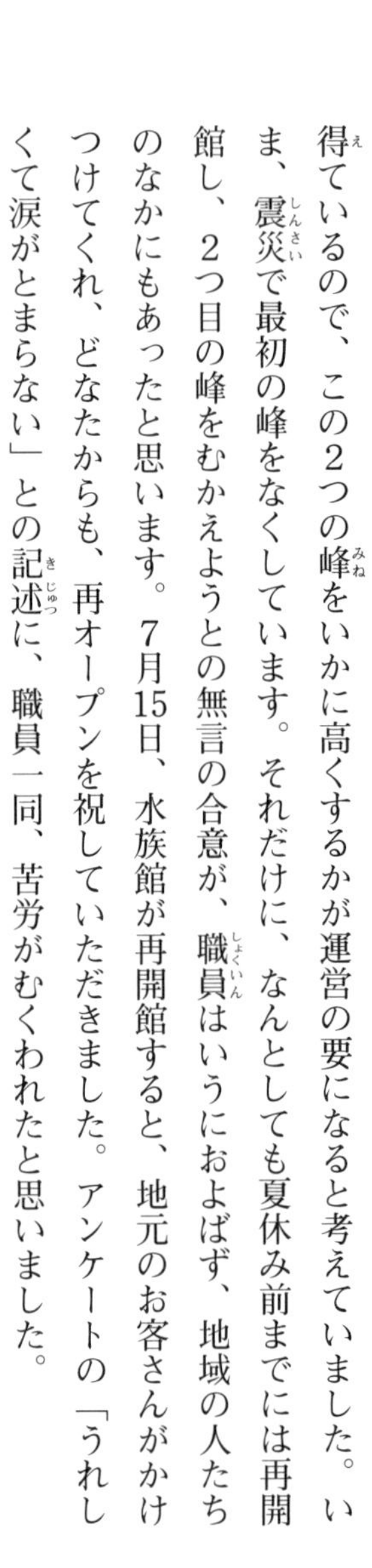

得ているので、この2つの峰をいかに高くするかが運営の要になると考えていました。いま、震災で最初の峰をなくしています。それだけに、なんとしても夏休み前までには再開館し、2つ目の峰をむかえようとの無言の合意が、職員はいうにおよばず、地域の人たちのなかにもあったと思います。7月15日、水族館が再開館すると、地元のお客さんがかけつけてくれ、どなたからも、再オープンを祝していただきました。アンケートの「うれしくて涙がとまらない」との記述に、職員一同、苦労がむくわれたと思いました。

原発人災に立ちむかう

原発の事故は天災でなく人災です。しかも文明をおびやかす人災です。それだけに、この立地の水族館として何ができるか智恵をしぼらなければなりません。

これだけ立地として基礎となる条件の良い水族館はほかにありません。このまま原発事故の影響で「じり貧」になるのではもったいない。その対策として、次のことに取り組みました。

風評退治の1つ目は、混乱している「風評」を吹きとばすために、私たち自身の手で放射線汚染の実態をお客さんに伝える「アクアマリン環境研究所」を設立することです。そこで、責任をもった独自の調査結果を公表することにしました。

２つ目、子どもの体験の場は放射線の脅威にさらされてはいけません。この場所を、安心して遊び、学べる場にすることに力を入れました。

３つ目は「大人の水族館」構想です。アクアマリンは、そもそもは子育て支援の役割をになって生まれたのですが、実は「少子高齢社会」にあっては、高齢者を「おもてなし」することが大切でもあるのです。それは、「命」を大切にするという大前提からも当然のことでした。そのために、被災後に力を入れているのは、次のようなアート路線です。

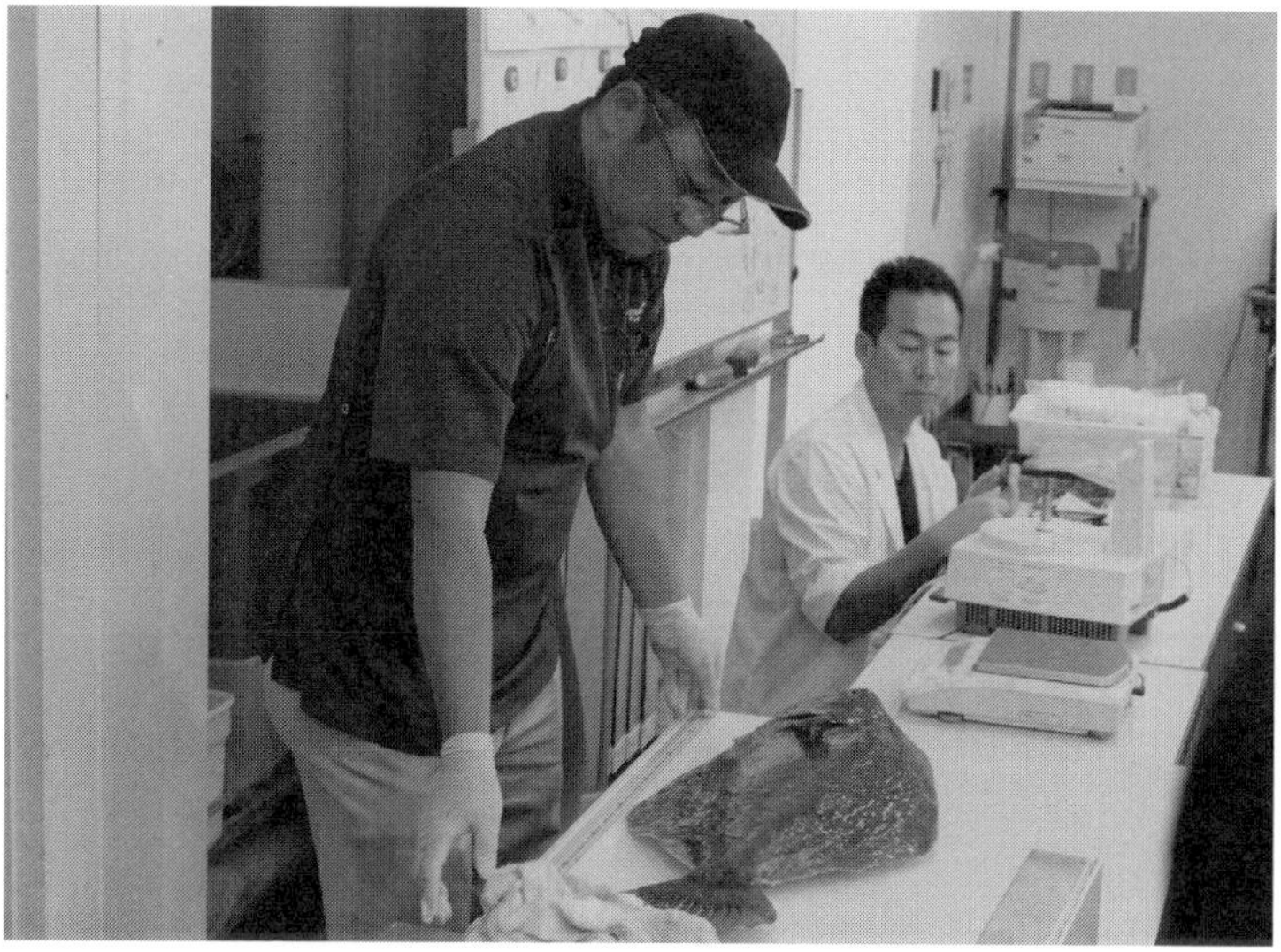

アクアマリン環境研究所の放射線調査のようす。

・館内の「自然」を詠んでいただく投句を年単位で毎年募集すること。
・南北のテラスには、小名浜盆栽研究会の協力で、盆栽を四季展示することにし、加えて、南テラスではお茶を無料で提供。
・ロビーの空間を、当地出身の日展画家・阿部セツさん（故人）の画廊にする。油彩の画題は浜通りの水産物。ソファーで休憩しつつ鑑賞できる。彼女の甥にあたる、東京凮月堂社主、阿部修一氏の厚意でご提供。

小名浜国際環境芸術祭の定番、デザイン大漁旗を海外（ケープタウン、フランス、ナウシカ水族館、カリフォルニアモントレー湾水族館など）にアピールするために、広報活動に力を入れています。

2006年から毎年秋に開催している「国際環境芸術祭」の主要イベント、大漁旗デザインコンペ。アクアマリンに大漁旗の数かずがたなびきます。

昨今、小名浜港は復旧復興のつち音が高く響いていますが、「原風景」の復旧をわすれがちなのが心配です。被災によって失われた2棟の倉庫群は復活したいものです。ここは、地域のアート展の場でもありました。名前は、ニューヨークのソーホーをもじって「SOKO」と決めています。

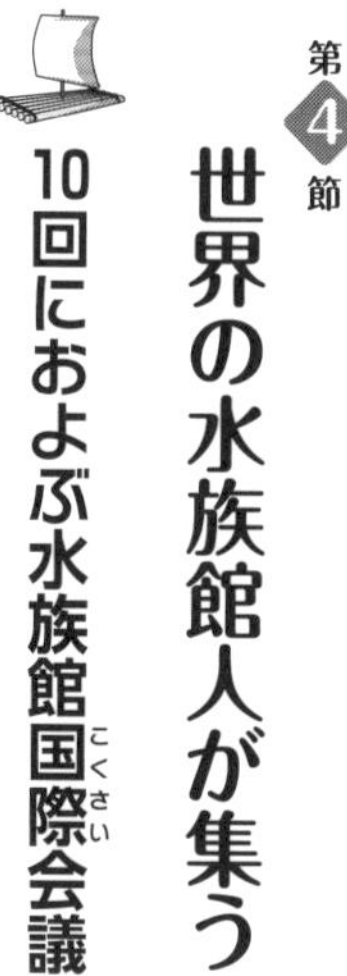

第4節 世界の水族館人が集う

10回におよぶ水族館国際会議

人は人生の壁にぶつかったとき、旅に出ます。同じようなものが国際会議だと私は思っていますが、国際会議はいながらにして旅に出ることができると思います。つまり、世界各地で生き・活動している人たちと出会い、その「生の声」を聞いて接することができるからです。

被災から7年目になる2018年、小名浜港を舞台にアクアマリンふくしまが第10回世界水族館国際会議を主催しました。会議場は東日本大震災の被災後、新設となった小名浜漁業組合の構内の舞台でした。世界の水族館人が少しサカナくさい会議場で、海洋の未来について論議をしました。

水族館の国際会議の第1回（１９６０年）と第2回（88年）はモナコ海洋博物館で、国際水族館学会として開催されました。第3回（93年）はアメリカのボストンニューイングランド水族館が、現在の世界水族館会議ＩＡＣ（International Aquarium Congress）と改称して開催しています。私はこの第3回から毎回参加する機会にめぐまれ、多くの水族館人との交流を深めることができました。

第4回（96年）は、私の在籍した東京都葛西臨海水族園が開催。以降、各大陸を移動しつつ4年ごとのオリンピックイヤーの開催となりました。第5回（２０００年）は創始者に敬意を表して、モナコに戻りました。この年、私はアクアマリンふくしまの館長として出席しました。第6回（04年）は開館20周年のアメリカのモントレー湾水族館が主催。第7回（08年）はアジアに戻り、中国の上海海洋館が開催しました。第8回（12年）は南アフリカ・ケープタウンのTwo Oceans Aquariumが開催し、私はアクアマリンふくしまの館長として、東日本大震災の激甚被災と7月15日の再オープンまでの取り組みを話しました。第9回（16年）はカナダのバンクーバー水族館が開催。テーマは「水族館―海洋の保全に力を結集しよう」でした。

水の惑星でこその自然を守ろう

今日、世界の水族館数は増加していて、600館にも達しつつあります。IAC（世界水族館会議）は、水の惑星の環境を論ずる場としては格好の国際会議となりました。第10回は2018年、アクアマリンふくしまの2年前だおし開催が承認されました。運営委員のメンバーに、4年ごとの開催では情報交換が疎遠になりがちであることが理解されたのでしょう。

さらに、2011年の災害の記憶が風化する前の開催が望ましいと理解されたものでした。私たちはすぐに事務局と実行委員会を立ち上げました。会議のテーマは「水の惑星、地球の未来について考えよう」です。

第10回世界水族館会議は、いわき市の震災後新装となった漁業組合の建物を会議場として開催されました。11月5日に東京都葛西臨海水族園に集合し、顔あわせ会、翌6日から10日の会期で、開催しました。小名浜魚市場を本会議場として、関連施設で企業展示、震災の特別展示、さまざまな企画展示、また、会期中には、原発視察ツアーなども企画しました。参加者総数は500名、参加国は35か国でした（アジア諸国から115名、オセアニアから12名、アフリカから3名、ヨーロッパ諸国から60名、アメリカから51名、日本から259名の参加)。

18演題94の発表は活字となって世界発信されました。最終日には、開催館である環境水族館「アクアマリンふくしま」からのメッセージとして次のように発信されました。

「福島県いわき市、小名浜港二号埠頭の環境水族館『アクアマリンふくしま』は、2015年にわくわく里山・縄文の里を造成し、『緑の指』にアクアマリンの輝きを増しています。なぜいま、3000年以上さかのぼる縄文時代なのか? 弥生時代の村落は発達して、中央集権の国家となりました。21世紀の今日も、人間の欲望が勝って、いまや経済が最優先です。

戦争に明けくれた20世紀、70年。大阪万博で岡本太郎は『太陽の塔』を前に、『これが

第10回世界水族館会議のようす。

縄文だ！』とさけんだ。交友関係のあったダリもピカソも『これが縄文だ！』とさけんでいたのでしょう。感性の良い芸術家はもとより、いまや、世界は縄文回帰の流れにあるように思います。

２０００年開館した『アクアマリンふくしま』は、２００３年に環境水族館宣言をしました。いまや田んぼにはドジョウもタニシもメダカもいなくなりました。ニホンカワウソも絶滅させてしまいました。戦後植林の70歳の杉は花粉症の原因ですが、誰も責任をとりません。今日、阿武隈山地の自然林回復、奥山の伐採が必要です。

環境水族館『アクアマリンふくしま』は、縄文の里の自然の熟成と、二号埠頭の防潮堤の原植生による緑化によって、海山川のこのましい循環、縄文回帰のメッセージを発信しつづけます。

それは次の10年、20年の活力となるでしょう。種をまかなければ森はできません。世界水族館会議のサヨナラのメッセージは、３０００年前の自然回帰、縄文回帰です」

おわりに

ビオトープ・「命の盃」を守る

めずらしい動物を間近に見たいという人びとの願望から生まれた動物園や水族館は、時代とともにその役割をかえてきました。現代では、環境教育、希少種の保全、人びとの心のいやしの場、といえるでしょうか。

しかし、人の倫理の根底をくつがえすような事件が頻発すると、従来の役割だけでは対応できないのかもしれません。児童虐待防止、子育て支援など人間社会の安全保障にかかわる課題に、動物園や水族館が「人をつくる」という積極的な役割を果たすべき時代になったのではないでしょうか。

かつて、哲学者の梅原猛氏が、人の倫理の根底は何か、という重いテーマをラジオで語っていました。チンパンジーの母親が、死んだわが子がミイラになるまでもちあるくエピソードをまじえて、それは親子の愛情、とくに親の子に対する無条件の愛情であると述べていました。

過剰な都市化が、自然嫌いの子どもさえ生み出していると警鐘が鳴らされています。子どもたちから自然に接する機会をうばってきたことと、頻発する異常事件は無関係ではなさそうです。それは、まちがいなく、私たち大人の責任です。

日本で初めて子ども動物園を開設したのは、上野動物園でした。はじめは人工保育した野生動物の子どもの「孤児」園でしたが、やがて、ヤギ、ウシ、ニワトリなどの家畜や家禽の子どもが加わり、人間の子どもにとっての自然体験の場になりました。付設する水族館でもヒトデやウニ、ナマコなど磯の生物にさわらせる猫の額ほどのタッチプールをつくりました。

これらは全国の動物園や水族館に普及し、幼児期の体験教育に一定の役割をになってきました。しかし、多くは「ぬくもり」や「かわいい」といった情操教育の域をぬけだせないでいるようです。

私の子ども時代のことをお話ししましょう。私は少年期、米沢盆地の伯父の家で夏休みいっぱい過ごしたものです。伯父は庭で遊んでいる鶏をつかまえて殺すことを子どもたちに命じました。祖父は、飼い猫がお産をすると、子どもたちを前に、仔猫の目が開かないうちに1頭を残して庭石に頭をぶつけて殺し、そのようすを見せました。捨て猫にする方がもっとかわいそうだと、説きながら。

稲田のまがりくねった小川は、雑魚釣りのポイントでした。フナやナマズの竹串が囲炉裏のまわりにならぶと、祖父や伯父にほめられたものでした。私が子どものころ、里地里山は「命の教育」の舞台でした。

大人になったいま、アクアマリンふくしまでは、小名浜港二号埠頭の敷地内にビオトープを造成してきました。ビオトープとは「生命の盃」（生き物がくらす場所）の意味です。開館以来、外構部域に緑を増殖。ビオとカエルの鳴き声を結びつけ「ＢＩＯＢＩＯかっぱの里」をつくりました。その外周には広大な人工磯をつくり、童謡「あめふり」に出てくるお母さんの蛇の目傘からの発想で、「蛇の目ビーチ」と命名しました。そして10周年を期して、「子ども体験館・アクアマリンえっぐ」を建設。釣り堀も付設しました。震災後には「わくわく里山・縄文の里」を拡充。小名浜港二号埠頭はビオトープ・「生命の盃」にふさわしい環境に生まれかわろうとしています。

これらの、「生命の盃」を活用した教育普及活動の柱は、「持続可能な利用」と定めています。釣り堀は、子どもたちよりも、むしろお父さんの狩猟本能をよびさまそうという意図があります。獲物は「ジャノメ食堂」でフライにできます。生け簀では注文して炉端焼きを楽しめます。

黒潮の水槽では、ときにカツオがイワシ群をおそいます。自然界の食う・食われるという食物連鎖の現実を見ながら、寿司どころ「潮目の海」で寿司を楽しんでいただくように

「蛇の目ビーチ」で遊ぶトムソーヤーたち。

したのも、その意味からでした。レストランのテーマは「漁場から食卓まで」。地元の魚を楽しむことを強調しています。

真に環境に優しい次世代を育成するために、新しい役割の付加が必要です。それは、動物の死をも体験する「命の教育」の機会を子どもたちに保障することでしょう。アクアマリンふくしまは、「命の教育」活動を質量ともに充実させ、人間社会の安全装置としての役割を果たしていこうと考えています。

「トムソーヤーを育てる水族館」と題してこの本をまとめた理由も、そこにあります。

トムソーヤーは考える——進化って、なんだろう?

この本を作ろうと考えたのは、2018年の4月ごろでした。その後、どのような構成にするかをいろいろと考え、大体の骨格がかたまって、書きはじめたのはほぼ1年後の19年5月。ゴールデンウィークが過ぎて、アクアマリンふくしまも一息ついたころでした。

ようやく完成に近づいた20年2月、前月ごろから中国の武漢でコロナウイルスの感染が話題にのぼるようになり、クルーズ船「ダイヤモンド・プリンセス」が2月3日夜に横浜港沖に到着してからじょじょに、この感染症が日本でも大きな問題になっていきました。

この本の最後に、「海や生命の誕生」をテーマにしてきた「環境水族館アクアマリンふくしま」の館長＝「トムソーヤー」として、今回のコロナウイルスのまんえんに関し、地球規模の環境問題を考えるメッセージをみなさんに届けたいと思いました。

アクアマリンふくしまのプロローグは「海・生命の進化」ではじまっています。その案内板の冒頭に、「進化を物語る生きた化石と題して、「太古に水のなかで展開した進化と絶滅の歴史を、『化石』と進化の生き証人である『生きた化石』で紹介します」と書きました。そこにふくんでいる意味は、「進化は進歩ではない。それは絶滅の歴史でもある」というメッセージです。

地球誕生は46億年前。生命の誕生はといえば、38億年前。先カンブリア紀の30億年あまりは原始生物の世界でした。カンブリア紀末の3億5000万年前になって、やっと地球環境が現在の環境に近づき、爆発的に現生生物の先祖が誕生しています。「カンブリア爆発」とよばれるものです。そして、私たち類人猿の誕生は、たかだか700万年前なのです。

このような「ときのものさし」で考えてみると、今回のコロナウイルスのまんえんは、38億年前に生命の誕生とともに生まれたウイルスや細菌が、その後も彼らの世界を終わらせることなく、いまも私たち人類と共存していることの証なのでしょう。

6600万年前、小惑星の衝突によって環境が激変し、それが恐竜の絶滅をもたらしたとされています。しかし、これもうたがってみる必要があるといわれています。なぜなら、ほとんどの恐竜の種は、衝突の２４００万年前から、すでに減少しはじめていたという研究が発表されているからです。すると、どんな生物が恐竜を絶滅に追いこんだのでしょう？もしかしたら、今回のコロナウイルスと同じように、それまで現れていなかった新型ウイルスの出現にあい、免疫力のなさで絶滅への道を歩みはじめたのかもしれません。

今回の「コロナ禍」に一定のめどがついたならば、私たちは、「海・生命の進化」からはじまる環境水族館アクアマリンの理念を改めて再確認しようと思っています。

みなさんも、この機会に、「進化を進歩とする誤用」を見直してみましょう。アクアマリンふくしまに展示している「化石」と進化の生き証人である「生きた化石」たちが教えているように、進化は進歩ではなく、実は、絶滅の歴史であることを確認してください。日本には「栄枯盛衰」という言葉があります。さかんなときもあればおとろえるときもあるという意味ですが、地球には人間だけが生きているのではありません。いろんな生き物が生まれ、ほろんでもいきました。それだけに「いま」を生きている私たちは、その命をいつくしみ、この地球に住む人だけでなく、生き物への優しさを育んでいくことが大切なのではないでしょうか。

今回のコロナウイルスのまんえんは、38億年前の先カンブリア紀の生命の誕生にかかわる「災害」であることを、私たちは再確認しなければなりません。

最後になりましたが、編集でご苦労をおかけしたこどもくらぶのみなさま、そして最初の原稿を読んで文章を手直ししてくださり、また何度もいわき市まで足を運んで私の話を聞いてくださった新日本出版社の田所稔社長に、深く感謝申し上げます。

ところで、アクアマリンふくしまのあるいわき市には、「石炭化石館」や「アンモナイトセンター」など生物進化と関連をもつ公共施設もたくさんあります。この本を読んでくださったあなた＝トムソーヤーが、いつの日かこの地へ冒険の旅に来てくれることを楽しみに待っています。もちろんベッキーのあなたも、お待ちしていますよ。

２０２０年６月

安部義孝

著／安部義孝（あべ　よしたか）

1940年生まれ。東京水産大学卒業。魚類学専攻。1964年～上野動物園水族館。1968～1969年クウェート科学研究所。1983年～多摩動物公園昆虫園。1992年～葛西臨海水族園（園長）。1998年～上野動物園（園長）。2000年～アクアマリンふくしま館長。主な著書に『魚新訂版（学研の図鑑）』（1995年、学習研究社）、『アクアマリン発：ふくしま海洋科学館』（2005年、歴史春秋出版）、『水族館をつくる』（2011年、成山堂書店）など。

編集・デザイン・制作／こどもくらぶ（二宮祐子、根本知世、石井友紀）

イラスト
安部義孝

写真協力（クレジット表記されているもの以外）
アクアマリンふくしま
安部義孝
岩田雅光

トムソーヤーを育てる水族館

2020年6月30日　初　版

著　者　安部義孝
発行者　田所　稔

郵便番号　151-0051　東京都渋谷区千駄ヶ谷4-25-6
発行所　株式会社　新日本出版社
電話　03（3423）8402（営業）
03（3423）9323（編集）
info@shinnihon-net.co.jp
www.shinnihon-net.co.jp
振替番号　00130-0-13681
印刷　亨有堂印刷所　製本　小泉製本

落丁・乱丁がありましたらおとりかえいたします。

ISBN 978-4-406-06480-4　C8045　Printed in Japan